OpenTelemetry 學習手冊
設置和操作現代化的可觀測性系統

Learning OpenTelemetry
Setting Up and Operating a Modern
Observability System

Ted Young and Austin Parker 著

呂健誠 譯

O'REILLY®

獻給 *Dylan Mae*
　—*Austin*

獻給 *OpenTelemetry* 項目的共同創始人
　—*Ted*

目錄

推薦序

在不斷發展的雲端原生技術領域中，觀察應用程式的性能和健康狀態已不再是一種奢侈，而是必要的關鍵。隨著微服務架構成為常態，分散式系統擴展，以及資料量的爆炸性增長，傳統的監控工具難以跟上腳步。這就是 OpenTelemetry 崛起以改變遊戲規則的時刻，它提供了一種標準化且供應商中立的可觀測性方法。OpenTelemetry 不僅僅是一種技術；它還代表了一種典範轉移，從僅僅監控過渡到完整的可觀測性。OpenTelemetry 正在將行業從孤島式運作轉變為統一的遙測。

正如作者 Ted Young 和 Austin Parker 所解釋的，OpenTelemetry 是關於採用統一的遙測資料驅動方法來進行可觀測性，利用開放標準如 OpenTelemetry 協議（OTLP），並賦予建造和操作完全可觀測、高度韌性、高性能的雲端原生應用程式的能力。

《*OpenTelemetry 學習手冊*》可作為你解鎖 OpenTelemetry 力量的全面指南。無論你是一位在應對分散式追蹤複雜性方面經驗豐富的工程師，或試圖理解基礎知識的新手，還是一家欲開始可觀測性之旅的組織，這本書都將為你提供知識和實用洞見，幫助你導航這項變革性技術。

作者強調，可觀測性需要理解雲端原生思維更廣泛的背景和固有的挑戰。例如，微服務架構雖然提供了敏捷性和可擴展性，卻引入了新的複雜性。為單體應用程式設計的傳統監控工具，往往難以捕捉服務之間錯綜複雜的互動和依賴關係。這種缺乏連貫的可見性導致了可見性缺口，使得難以精確定位性能瓶頸、診斷問題以及確保應用程式的健康。

本書能突顯 OpenTelemetry 透過提供統一且廠商中立的方法，來蒐集和導出遙測資料之辦法，直接面對這些挑戰。這種統一的方法使用指標、追蹤、日誌和性能剖析，為你的應用程式的健康和性能提供了一個相關聯的視圖。

作者深入探討了 OpenTelemetry 的細節，引導我們了解 OpenTelemetry 的核心概念，並追求不同程式語言和框架（如共享套件和共享服務）的檢測策略。他們闡明了使用 OpenTelemetry 蒐集器蒐集和處理遙測資料的最佳實踐；他們調查了為 Kubernetes、無伺服器函式和資料流平台等擴展遙測蒐集的部署模式。他們將向你展示如何透過平衡廣泛方法與深入方法、集中式架構與去中心化架構等，來建造可擴展的遙測流水線。最後一章探討了進階話題，如生成式 AI、FinOps 和雲端永續性。

這個是令人興奮的時代。隨著雲端原生服務和 AI 應用的世界匯聚，使用遙測資料來了解大規模模型行為至關重要。這也是 OpenTelemetry 下一個重大進展將會是提供開放框架的原因，以完全支持智能、分散式 GenAI 應用的可觀測性。作為一種實踐，可觀測性必須納入可行的 AI 模型來蒐集和分析大規模遙測資料。

所以，打開這本書，深入 OpenTelemetry 的世界，並為你的雲端原生旅程解鎖可觀測性的力量。記住，通往精通的道路始於第一步，這本書是你在那次旅程中的第一步和接下來步驟的指南。

享受這段學習之旅！

— *Alolita Sharma*
Palo Alto, California
February 2024

Alolita Sharma 是 *OpenTelemetry* 治理委員會的成員，並且已經為 *OpenTelemetry* 項目貢獻了五年以上。她是 *CNCF* 可觀測性技術顧問組（*TAG*）的共同主席，並領導蘋果公司的 *AIML* 可觀測性實踐。她在 *OpenTelemetry*、可觀測性 *TAG*、*Unicode* 和 *W3C* 等領域為開源和開放標準做出了貢獻。*Alolita* 在 *AWS* 的可觀測性、基礎設施和搜索工程領域也展現了強大的領導力，並且在 *IBM*、*PayPal*、*Twitter* 和維基百科管理過工程團隊。

前言

在過去的十年中，可觀測性已從一個在 Monitorama 或 Velocity（已停辦）等活動中討論的小眾學科，成長為一個價值數十億美元的行業，影響著雲端原生世界的每一個角落。然而，有效的可觀測性關鍵在於高質量的遙測資料。OpenTelemetry 是一個旨在提供這種資料的項目，在此過程中，開啟了可觀測性工具和實踐的下一代。

如果你正在讀這本書，很有可能你是一位可觀測性實踐者，也許是一位開發者或一位 SRE，你對於如何在營運環境中剖析和理解複雜系統感興趣。你會拿起這本書，可能是因為你對 OpenTelemetry、它的結合方法，以及它與歷史監控框架不同之處感到興趣；也或許你只是想了解這股風潮所為何來。畢竟，在短短五年內，OpenTelemetry 已從一個想法成長為世界上最受歡迎的開源項目之一。無論你為何而來，我們都很高興見到你。

寫這本書的目標不是創造一本 OpenTelemetry 的「缺失手冊」，你可以找到許多文件和教學，以及幾本深入探討在特定語言中實施 OpenTelemetry 的優秀書籍（詳情請見附錄 B）。我們的目標是提供一本全面的學習 OpenTelemetry 的指南，希望你不僅了解不同部分，而且還了解它們結合在一起的方法和原因。這本書應該為你提供基礎知識，不僅需要在營運系統中實施 OpenTelemetry，還能夠擴展 OpenTelemetry 本身；無論是作為項目的貢獻者，還是將其作為組織可觀測性策略的一部分。

總的來說，這本書主要分為兩部分。在第 1 章至第 4 章中，會討論監控和可觀測性的現狀，並向你展示了 OpenTelemetry 背後的動機。這些章節幫助你理解支撐整個項目的基礎概念。它們對於首次閱讀者來說不僅價值連城，對於已經實踐可觀測性一段時間的人也同樣寶貴。第 5 章至第 9 章則進入具體的使用案例和實施策略，以之前章節介紹的

概念為主，討論其背後的運作原理，並提供指引，好讓你在各種應用和情景中實際實施 OpenTelemetry。

如果你已經對可觀測性主題非常熟悉，可能會考慮直接跳到書的後半部分，這樣也不是不行，但審視初期章節總能再獲得一些收穫。無論如何，只要你帶著開放的心態閱讀這本書，你應該能從中獲益，並且一次又一次地回來翻閱。我們希望這本書成為你可觀測性旅程下一章的基石。

本書編排慣例

本書使用下列的編排規則：

斜體字（*Italic*）

　　代表新術語、URL、email 地址、檔名、副檔名。中文以楷體表示。

定寬字（`Constant width`）

　　用於程式碼，並在文字段落內，用來代表變數、函式名稱、資料庫、資料型態、環境變數、陳述式、關鍵字等程式元素。

定寬粗體字（**`Constant width bold`**）

　　代表應由用戶親自輸入的命令或其他文字。

定寬斜體字（*`Constant width italic`*）

　　應換成用戶提供的值的文字，或由上下文決定的值的文字。

這個圖案代表提示或建議。

這個圖案代表註解。

這個圖案代表警告或注意。

使用範例程式

本書的補充資料（範例程式碼、練習程式等）可以在此處下載：
https://github.com/orgs/learning-opentelemetry-oreilly/

本書的目的是協助你完成工作。書中的範例程式碼，都可以引用到自己的程式和文件中。除非你要公開重現絕大部分的程式碼內容，否則無需向我們提出引用許可。舉例來說，自行撰寫程式並引用本身的程式碼片段，並不需要許可；但是販賣或散布 O'Reilly 書中的範例，則需要許可。例如引用本書並引述範例程式碼來回答問題，並不需要許可；但是將本書的大量程式碼納入自己的產品文件，則需要取得授權。

還有，我們很感激各位註明出處，但並非必要舉措。註明出處時，通常包括書名、作者、出版商、ISBN。例如：「*Learning OpenTelemetry* by Ted Young and Austin Parker (O'Reilly). Copyright 2024 Austin Parker and Ted Young, 9781098147181」。

如果覺得自己使用程式範例的程度超出上述的許可範圍，歡迎與我們聯絡：
permissions@oreilly.com。

致謝

作者想要感謝 O'Reilly 的整個團隊，感謝他們不斷的支持、鼓勵和寬容。特別感謝我們的收購編輯 John Devins 和我們的發展編輯 Sarah Grey。我們還要感謝技術評論者對他們寶貴的反饋，以及 Alolita Sharma 的貢獻。沒有每一位 OpenTelemetry 貢獻者多年來的工作，這本書是不可能實現的。

Austin

我想感謝我的合著者說服我，再寫一本書會是個好主意。

對我的伴侶 Mandy：感謝你忍受長時間和寫作的不可預測性。*Tada gan iarracht*[1]。

我還想感謝過去一年左右啟發我的許多人，他們的友誼和想法已經成為這些文字的一部分；這些人包括（但不限於）Phillip Carter、Alex Hidalgo、Jessica Kerr、Reese Lee、Rynn Mancuso、Ana Margarita Medina、Ben Sigelman、Pierre Tessier、Amy Tobey、Adriana Villela、Hazel Weakly 和 Christine Yen。你們都很了不起。

---

1 「不努力就一事無成。」

Ted

我要感謝我的合著者聽我的話，因為寫另一本書確實是個好主意。

我想感謝 OpenTracing 和 OpenCensus 項目的所有維護者。這兩個項目有著相同的目標：創建一個描述分散式系統計算操作的通用標準。選擇放下自我，合併這些項目，並接受我們在開始 OpenTelemetry 時回到起點的多年挫折，這是一個艱難的決定。我欣賞這樣做所需要的勇氣和信任。

我也想感謝 Elastic Common Schema 項目的維護者。這是另一個案例，在這個案例中，擁有兩個標準意味著我們沒有標準。他們願意將 ECS 合併到 OpenTelemetry 語意慣例中，是實現我們的共同目標另一個重要步驟，即普遍得到接受的遙測系統。

常見（且有趣）的笑話是指向 OpenTelemetry 並提到經典的 XKCD 漫畫 #927，「標準如何擴散」（*https://xkcd.com/927*）。但我必須說，恰恰相反，*Monsieur chuckles*！^{譯註} OpenTelemetry 確實創造了一個新標準，但在這個過程中，它廢除了其他三個標準。所以我們實際上減少了兩個標準。我相信這可能是標準化歷史上的一個紀錄，希望未來能夠再減少更多標準，達到減少四個標準的目標，即總數為負四。

譯註　Monsieur chuckles 是一個幽默的稱呼，用來指那些對 OpenTelemetry 進行標準化持懷疑態度的人。透過這種幽默的方式，Ted 想要表達即使有人不同意，OpenTelemetry 的工作仍在逐步的精簡和合併現有的標準。

第一章

現代可觀測性的現狀

歷史不是過去，而是從特定視角繪製的過去地圖，用來幫助現代旅人。

— Henry Glassie，美國歷史學家[1]

這是一本關於大規模分散式計算機系統固有難題的書，以及如何應用 OpenTelemetry 來幫助解決這些問題。

現代軟體工程著迷於使用者體驗，而使用者要求極速的性能。調查顯示，如果電商網站加載時間超過 2 秒，使用者就會離開這個網頁（*https://oreil.ly/tZ9tY*）。你可能已經花了相當多的時間嘗試優化和排查應用程式性能問題，如果你和我們一樣，會因為這個過程的不優雅和低效感到沮喪，資料不是不夠就是太多，而且現有的資料可能充滿了不一致性或測量不清晰的問題。

工程師還面臨著嚴格的系統正常運行時間要求。這意味著在問題導致系統崩潰之前就要識別並減輕問題，而不僅僅是等待系統故障。這也意味著需要從初步診斷快速過渡到問題解決。為此，你需要資料。

但你需要的不僅僅是任何資料；你需要相關聯的資料，已經組織好的、準備好由計算機系統分析的資料。正如你將看到的，這種層次的組織資料並不容易獲得。實際上，隨著系統規模的擴大和變得更加異質化，找到需要分析問題的資料變得更加困難。如果以前像在乾草堆中尋找針，現在更像在一堆針中尋找針。

1　Henry Glassie，《Passing the Time in Ballymenone: Culture and History of an Ulster Community》（費城：賓夕法尼亞大學出版社，1982 年）。

OpenTelemetry 解決了這個問題。透過將單獨的日誌、指標和追蹤轉化為一個連貫的、統一的資訊圖表，OpenTelemetry 為下一代可觀測性工具奠定了基礎。而且由於軟體行業已經廣泛採用 OpenTelemetry，這一代的工具就建立於我們撰寫本書內容時。

時代正在改變

技術如潮水般湧來。正如我們在 2024 年撰寫這段內容時，可觀測性領域正經歷至少 30 年來的首次真正海嘯。你選擇了一個好時機來閱讀這本書並獲得新視角！

雲端計算和雲端原生應用系統的出現，導致了建造和操作複雜軟體系統實踐的巨大變革。然而，沒有改變的是，軟體運行在電腦系統上，你需要了解這些電腦系統在做什麼，才能理解你的軟體。儘管雲端計算試圖將計算的基本單元抽象化，但二進制仍然在使用位元和位元組。

不論你運行程式在多區域的 Kubernetes 叢集還是在個人電腦上，都會有一樣的問題：

「為什麼它這麼慢？」

「是什麼占用了這麼多的 RAM？」

「這個問題是什麼時候開始的？」

「問題的根本原因在哪裡？」

「我該如何解決這個問題？」

天文學家和科學傳播者 Carl Sagan 曾說過：「了解現在必須知道過去。[2]」這在這裡確實適用：要了解為什麼一種新的可觀測性方法如此重要，首先需要熟悉傳統的可觀測性架構及其局限性。

這可能看起來像是對基本資訊的重述！但可觀測性混亂已經存在了很長一段時間，以至於大多數人已經形成了相當多的先入為主觀念。因此，即使你是專家—尤其是如果你是專家—擁有新的觀點也是很重要的。讓我們開始這段旅程，先來定義本書將使用的幾個關鍵術語。

2　「Cosmos: A Personal Voyage」第 1 季第 2 集「One Voice in the Cosmic Fugue」，由 Carl E. Sagan 製作主持，Adrian Malone 執導（Arlington, VA：公共廣播電視，1980 年）。

可觀測性：需要了解的關鍵術語

首先，可觀測性觀測的是什麼？就本書的目的而言，我們觀測的是分散式系統。分散式系統是指其元件位於不同的網路電腦系統上，透過相互傳遞訊息來通訊和協調其行動的系統[3]。有許多種類的電腦系統，但我們關注的是這些系統。

什麼是分散式系統？

分散式系統不僅僅是在雲端運行的應用程式、微服務或 Kubernetes 應用程式。採用服務導向架構的巨集服務或「單體式服務」、與後端通訊的客戶端應用程式，以及移動端應用程式和網頁應用程式，都可以算是某種程度上的分散式系統，並從可觀測性中受益。

在最高層次上，分散式系統由資源和請求組成：

資源（*Resource*）

這些是構成系統的所有物理和邏輯元件。物理元件，如伺服器、容器、處理程序、RAM、CPU 和網路卡，都是資源。邏輯元件，如客戶端、應用程式、API 端點、資料庫和負載平衡器，也是資源。簡而言之，資源是構成系統的一切。

請求處理（*Transaction*）[譯註]

這些是指示系統利用和協調所需資源來代表使用者執行工作的請求。通常，這些請求處理由一位真實的人啟動，他正在等待處理完成。訂購機票、叫車共乘和加載網頁都是此類請求處理的例子。

我們如何觀察這些分散式系統？除非它們發出遙測，否則沒辦法。遙測是描述系統工作內容的資料，沒有遙測，系統就只是一個充滿神祕感的巨大黑盒子。

3　Andrew S. Tanenbaum 和 Maarten van Steen，「分散式系統：原理與範例」（Upper Saddle River, NJ: Prentice Hall, 2002）。

譯註　這裡翻譯成**請求處理**，書本原文是 *Transactions*，如果在資料庫領域翻譯成事務處理是適當的，用來描述確保資料一致性和完整性的操作。然而，在這裡描述的是使用者級的互動操作，這些操作是由用戶發起並等待系統回應的。這些操作不僅僅涉及資料庫的事務處理，還包括系統內部資源的協調和使用。

許多開發人員對於遙測這個詞感到困惑。這個詞有很多不同的意思，在本書以及系統監控中，我們所做的區分是使用者遙測和性能遙測：

使用者遙測

指的是有關使用者透過客戶端與系統互動的資料：按鈕點擊、網路會話持續時間、有關客戶端主機的資訊等等。你可以使用這些資料來了解使用者如何與電子商務網站互動，或者訪問網頁應用程式的瀏覽器版本分布情況。

性能遙測

這不主要用於分析使用者行為；相反地，它提供給維運人員有關系統元件行為和性能的統計資訊。性能資料可以來自分散式系統中的不同來源，並為開發人員提供了一條「麵包屑路徑」，將因果關係連接起來。

用更直接的語言來說，使用者遙測資料會告訴你某人將其滑鼠游標懸停在電子商務應用程式中的結帳按鈕時間。性能遙測資料則會先告訴你載入該結帳按鈕花了多少時間，系統在這個過程中使用了哪些程式和資源。

使用者和性能遙測資料之下包含不同類型的訊號，訊號是一種特定形式的遙測資料。事件日誌是一種訊號，系統指標是另一種訊號，持續性能分析又是另一種，這些訊號類型各自有不同的用途，它們並不真正可以互換，你無法透過查看系統指標，就推導出構成使用者互動的所有事件，也無法只透過查看請求處理日誌來推導出系統負載，需要多種訊號才能深入了解整個系統。

每個訊號由兩部分組成：檢測工具（Instrumentation）：程式內部發出遙測資料的程式碼，以及將資料發送到網路上的分析工具的傳輸系統，會在那裡實際觀測。

這強調了一個重要的區別：將遙測和分析混為一談很常見，但要理解發送資料的系統和分析資料的系統是相互獨立的。遙測是資料本身，分析則是處理資料。

最後，遙測加上分析等於可觀測性。了解如何將這兩個部分結合成一個有用的可觀測性系統就是本書的重點。

遙測簡史

有趣的是，之所以有遙測（*Telemetry*）這個名稱，是因為最早的遠端診斷系統是以電報（telegraph）線傳輸資料。一般人聽到遙測這個詞時，會最先想到火箭和 1950 年代的航空太空領域，但如果是從這裡開始的，應該會叫它無線電測量（*radiometry*）。實際上，遙測一開始是為了監控早期但重要的分散式系統，也就是發電廠和公共電網！

當然，電腦系統遙測出現得更晚。使用者和性能遙測的歷史與軟體操作的變化相吻合，也與長期以來推動這些趨勢的處理能力和網路頻寬不斷增加相吻合。了解電腦遙測訊號形成和演變方法，才能夠真的理解它目前面對的限制。

最早且持續至今的遙測形式是日誌記錄。日誌是為人類消費而設、基於文本的內容，描述系統或服務的狀態。隨著時間的推移，開發人員和維運人員建立起專門的資料庫，這樣儲存和搜索這些日誌會更加方便，因為這些資料庫擅長全文搜索。

雖然日誌可以告訴你系統內部的個別事件和時刻，但要理解系統如何隨時間變化，需要更多的資料。日誌可以告訴你由於儲存設備空間不足而無法寫入文件，但如果你能跟蹤可用儲存容量並在用盡空間之前更改，那不是很棒嗎？

指標是對系統狀態和資源利用率的簡潔統計表示。它們非常適合這項工作。添加指標後，不再僅僅依賴錯誤和異常來建立警報，而是能基於資料進行警報設置。

隨著現代網際網路的蓬勃發展，系統變得更加複雜，性能變得更加關鍵，而添加了第三種遙測形式：分散式追蹤。隨著請求包含越來越多的操作和越來越多的機器，找出問題的來源變得更加關鍵。追蹤系統不僅僅查看個別事件「日誌」，而是查看整個操作以及它們如何組合形成請求處理。操作具有開始時間和結束時間。它們還有一個位置：一個特定操作發生在哪台機器上？追蹤這一點，可以將延遲的來源定位到特定的操作或機器上。然而，由於資源限制，追蹤系統往往大量取樣，最終只記錄了總請求處理數量的一小部分，這限制了它們在基本性能分析之外的實用性。

可觀測性的三大瀏覽器標籤

雖然還有其他有用的遙測形式，但這三個系統：日誌（Log）、指標（Metric）和追蹤（Tracing）的首要地位導致了今天所熟知的「可觀測性的三大支柱」概念。[4] 這三大支柱是描述我們當前實踐可觀測性的絕佳方式。但實際上，它們設計遙測系統的方式卻非常糟糕！

傳統上，每種形式的可觀測性，即遙測加上分析，都是一個完全獨立、孤立的系統，如圖 1-1 所示。

圖 1-1　可觀測性的支柱

一個日誌系統包括日誌檢測工具、日誌傳輸系統和日誌分析工具。一個指標系統包括指標檢測工具、指標傳輸系統和指標分析工具。追蹤也是如此——因此有了圖 1-2 中描述的三大支柱。

4　Cindy Sridharan, Distributed Systems Observability (Sebastopol, CA: O'Reilly, 2018).

圖 1-2　可觀測性的三大支柱

這是基本的垂直整合：每個系統都是為特定目的而端到端建立的。可觀測性之所以用這種方式構建是有道理的，它隨著時間的推移而演變，每個部分都是根據需要添加的。換句話說，可觀測性之所以用這種方式結構化，不過是時勢所趨。實現日誌系統或指標系統最簡單的方式，是將其作為獨立系統以隔離。

因此，儘管「三大支柱」一詞的確解釋了傳統可觀測性的架構方式，但它也存在問題：它使這種架構聽起來像是個好主意！但實際上並非如此。這有點俏皮，但我更喜歡用另一種說法：「可觀測性的三個瀏覽器標籤」，因為這才是事情的真相。

新興的複雜性

問題在於，我們的系統並不是由日誌問題或指標問題組成的，而是由請求處理和資源構成的。當問題發生時，這是我們唯一能修改的兩件事：開發者可以改變請求處理的操作，維運人員可以改變可用的資源。僅此而已。

魔鬼藏在細節裡。對於一個簡單的、孤立的錯誤，它可能僅限於單一請求處理。但大多數營運環境問題都源於許多同時進行的請求處理之間的相互作用。

監測真實系統的重要工作之一是識別不良行為的模式，然後推斷出特定的請求處理模式和資源消耗模式如何引發這些行為。這確實非常困難！要預測請求處理和資源在現實中會如何相互作用異常艱辛。測試和小規模部署並不總是這項任務的有用工具，因為你試圖解決的問題在營運環境之外不會出現。這些問題是突發的副作用，並且特定於你的營運環境部署的物理現實與系統的實際使用者互動方式。

這確實是一個難題！顯然，解決這些問題的能力取決於你的系統在營運環境中發出的遙測資料品質。

三大支柱是一場意外

你當然可以使用指標、日誌和追蹤來理解你的系統。日誌和追蹤幫助你重建構成請求處理的事件，而指標則幫助你了解資源的使用程度和可用性。

但是，僅看單獨的資料無法得到有用的觀察。你無法僅藉由觀察單個資料點或單一資料類型，就理解任何關於突發行為的事情；你幾乎不可能只因為查看日誌或指標就找到問題的根本原因。引領我們找到答案的線索來自於在這些不同資料流之間找到相關性。因此，在調查一個問題時，你傾向於在日誌和指標之間來回切換，尋找相關性。

這是傳統三大支柱方法的主要問題：這些訊號都保存在分開的資料孤島中。這使得自動識別請求處理日誌中變化模式和指標中變化模式之間的相關性變得不可能。相反地，你最終得到三個分開的瀏覽器標籤，而每一個只包含你所需的一部分資訊。

垂直整合使情況變得更糟：如果你想在指標、日誌和追蹤之間發現相關性，你需要這些連接在你的系統發出的遙測資料中呈現。如果沒有統一的遙測，即使你能將這些分開的訊號儲存在同一個資料庫中，仍然會缺少使相關性可靠和一致的關鍵標識符。因此，三大支柱實際上是一個糟糕的設計！我們需要的是一個整合系統。

遙測資料的單一交織

一旦你發現了問題，你要如何對系統分類？找出相關性。那麼，又要如何找到相關性？有兩種方式，即人工和電腦系統：

人工調查

> 維運人員檢查所有可用的資料，建立對當前系統的心智模型。然後，他們集思廣益，嘗試識別所有部件可能的隱密連接。這種方法不僅精神上令人疲憊，而且還受到人類記憶的限制。想想看：他們實際上是用眼睛觀察那些扭曲的線條來尋找相關性。此外，隨著組織的擴大和系統變得更加複雜，人工調查的效果也會下降。當所需的知識分散在世界各地時，將你在曲線中看到的東西轉化為可行的洞察變得更加困難。

電腦調查

找到相關性的第二種方式是使用電腦系統。電腦系統可能不擅長形成假設和找到根本原因,但它們非常擅長識別相關性。這就是統計數學。

但是,又有一個問題:電腦系統只能在連接的資料片段之間找到相關性。如果你的遙測資料是孤立的、非結構化的,且不一致的,電腦系統能夠為你提供的幫助將非常有限。這就是為什麼運維人員在用眼睛掃描指標的同時,也試圖記住每個配置文件中的每一行的原因。

與其使用三個獨立的支柱,我們來使用一個新的比喻:遙測資料的單一交織。圖 1-3 展示了我最喜歡的思考高品質遙測方式。我們仍然有三個獨立且不會混為一談的訊號,但它們之間有接觸點,將所有內容連接成一個單一的圖形資料結構。

OpenTelemetry 將所有這些資訊匯集在一起

追蹤
指標
日誌

圖 1-3　訊號的交織,會更容易找出它們之間的關聯。

有了這樣的遙測系統,電腦系統可以遍歷這個圖,快速找到遙遠但重要的連接。統一的遙測意味著終於可以統一的分析,這對於深入理解實時營運環境系統固有的突發問題至關重要。

這樣的遙測系統存在嗎?確實存在。它就叫做 OpenTelemetry。

總結

可觀測性的世界正在發生改變,朝著更好的方向發展,而這一改變的核心將是一種新發現的能力,能夠在所有形式的遙測資料之間相關聯:追蹤、指標、日誌、性能分析,都可以。相關聯是解鎖我們迫切需要的工作流程和自動化的關鍵,以跟上這個不斷擴大的複雜系統世界。

這種變化已經在發生,但完成過渡並讓可觀測性產品探索這種新資料解鎖的功能類型還需要一些時間。我們只是剛開始。但由於這一過渡的核心是向一種新型資料的轉變,而且由於 OpenTelemetry 現在已經是廣泛認可的資料來源,理解 OpenTelemetry 就意味著理解可觀測性的未來。

本書將引導你學習 OpenTelemetry。它不是為了要取代 OpenTelemetry 文件，該文件可以在項目的官方網站上找到（*https://opentelemetry.io*）。相反地，本書解釋了 OpenTelemetry 的哲學和設計，並提供了如何有效運用它的實用指南。

在第 2 章，我們將解釋 OpenTelemetry 帶來的價值主張，以及你的組織如何從使用基於開放標準的檢測工具替換專有檢測工具中受益。

在第 3 章，我們將深入探討 OpenTelemetry 模型，並討論追蹤、指標和日誌等主要的可觀測性訊號，以及它們是如何透過上下文相連。

在第 4 章，我們將在 OpenTelemetry 演示中實際操演 OpenTelemetry，為你提供其元件的概覽以及 OpenTelemetry 如何融入可觀測性堆疊。

在第 5 章，我們深入應用程式的檢測，並提供一個清單以幫助確保一切正常運作並且高品質遙測。

在第 6 章，我們討論如何檢測 OSS 函式庫和服務，並解釋為什麼函式庫維護者應該關心可觀測性。

在第 7 章，我們回顧了監測軟體基礎設施的選項：雲端服務提供商、平台和資料服務。

在第 8 章，我們詳細討論了如何以及為什麼使用 OpenTelemetry 蒐集器建造不同類型的可觀測性流水線。

在第 9 章，我們提供了如何在你的組織中部署 OpenTelemetry 的建議。由於遙測是一個跨團隊問題，對追蹤來說尤其如此，所以在推出新的可觀測性系統時存在組織上的陷阱。本章將提供確保成功推出的策略和建議。

最後，我們的附錄包括有關 OpenTelemetry 項目本身結構的有用資源，以及進一步閱讀和其他標題的連結。

如果你是 OpenTelemetry 的新手，我們強烈建議你仔細閱讀第 4 章。之後的章節可以按任何順序閱讀，隨意跳到對你當前任務最相關的部分。

第二章

為什麼使用 OpenTelemetry？

地圖不是時間的領土。

— Alfred Korzybski[1]

如果你正在閱讀這篇本書，幾乎可以肯定你從事軟體行業。你的工作可能是撰寫程式碼以解決商業或人的需求問題，或者確保大量的軟體和伺服器高度可用且迅速回應請求。或者，也許這曾經是你的工作，而現在你則面對不同類型的技術問題，包括如何組織、協調和激勵人們高效地交付和維護軟體。

軟體本身是全球經濟的重要組成部分；唯一比它更關鍵的是負責其創造和維護的人員。他們的任務規模非常繁重，現代開發者和維運團隊必須在系統複雜性無限增長的同時，用更少的資源做更多的事情。你有一些文件、一群志同道合的人，以及每週 40 小時的時間來維持生成全球國內生產總值可衡量部分的系統運行。

不難意識到，這可能還不夠。

你在腦海中構建的軟體系統地圖將不可避免地與紙上的地圖產生偏差。你對於任何特定時間發生的事情理解度，總是受限於系統的廣泛性、系統內發生的變化數量，以及有多少人正在改變它。新的創新技術，如生成式 AI，使這種觀察變得格外清晰；這些元件是真正的黑盒子，在這些組件如何得出其結果的過程中，你幾乎無法或根本無法洞察。

---

1 Alfred Korzybski，〈A Non-Aristotelian System and Its Necessity for Rigour in Mathematics and Physics〉（論文，發表於美國科學促進會年會，New Orleans, Louisiana, December 28, 1931），*https://oreil.ly/YnvRH*。

遙測和可觀測性是你對抗這種偏移的最有力武器。正如第 1 章中討論的，遙測資料告訴你你的系統正在做什麼。然而，遙測的現狀並非一個可持續的狀態。OpenTelemetry 旨在顛覆這一現狀，它不僅提供更多的資料，而且提供更好的資料，這些資料能滿足建置和維運系統的人員以及依賴這些系統的組織和企業的需求。

營運環境監控：現況

想像一下，你根本不從事軟體行業。你的工作是管理一個發展中城市的公共交通系統。

你的交通系統起初規模很小，只有幾輛公車按照相對固定的時間表運行。這種安排一直很好，直到更多人搬來並開始要求提供更多服務到更多地點。隨著更多商業和工業的進入，突然之間，地方政府要求你建立特定的、一次性的路線到偏遠的工業園區，並在郊區之間提供輕軌服務。

想像一下在這種情況下你可能想要監控的一切。你肯定會想知道有多少車輛在服務中，以及它們在任何給定時間點的位置。你會想知道有多少人乘坐交通工具，以便更有效地分配有限的資源。你還會想了解車隊的維護狀況，這樣你可以預測磨損情況，並可能避免緊急維修。不同的利益相關者也會想知道不同的事情，並且需要不同程度的細節。市議會可能不需要知道每輛公車的輪胎胎面狀況，但你的維護主管肯定需要知道；而你也可能需要知道，以便規劃資本支出。

這是大量的資料！實際上，這是一個壓倒性的資料量。最糟糕的部分是，它不一致。你的維護資料依賴於人工記錄和準確報告數值。你的乘客量資料依賴於感測器或票務統計。車輛統計資料有各種不同的類型，且車隊中不同車輛可能以不同方式報告相同的事情。你如何標準化這些資料？你如何分析它們？你如何確保你蒐集到了需要的資料，以及隨著時間的推移，你如何更改你蒐集的資料？

這個假設對於從事軟體開發一段時間的人來說應該聽起來有些熟悉。所有營運軟體系統都是隨著時間累積的決策組合，且維運它們的很多工作涉及蒐集、標準化、解釋，和將資料分配給不同的利益相關者，以供不同目的使用。開發者需要高度詳細的遙測資料，他們可以利用這些資料來準確定位程式碼中的特定問題。維運人員需要從數百或數千個伺服器和節點中獲得廣泛的、聚合的資訊，以便他們能夠發現趨勢並快速對異常做出反應。安全團隊需要分析端點上的數百萬事件以發現潛在的入侵；商業分析師需要了解客戶如何與功能互動以及性能如何影響使用者體驗；董事和領導者需要了解系統的整體健康狀況，以便優先考慮工作和支出。

營運環境監控的現狀是，我們使用數十種工具，在不同時間週期上，蒐集不同格式的各種訊號，然後將它們發送到儲存服務和後續分析。小型組織可能能夠將所有資料放入單一資料庫或資料湖；大型組織可能發現自己有數百個儲存目的地，這些目的地具有多種訪問控制。隨著組織複雜性的增加，分析和響應事件變得更加困難。由於負責此工作的人手中沒有正確的資料，檢測、診斷和修復中斷的時間會更長。

營運環境除錯的挑戰

大多數組織在嘗試理解其軟體系統時面臨三個主要挑戰：他們需要解析的資料量、這些資料的質量，以及資料是如何組合在一起的。

這些問題有一些共同的因素。沒有建立遙測的通用標準。遙測訊號是獨立產生的。建立高質量遙測會遇到技術和組織障礙，現有系統也有其自身的慣性。結果很明顯：事件的檢測和修復時間更長[2]，軟體工程師更快感到倦怠[3]，軟體質量下降。據說，我們從一些（非常大的）組織聽說過，由於難以在事件響應者之間共享資料，一些事件可能持續數天甚至數週。在許多組織中，要在多個獨立的監控工具之間導航以發現為什麼特定的 API 執行緩慢，或為什麼客戶在上傳文件時遇到錯誤，這已經不再罕見。雲端計算，尤其是 Kubernetes，使這項任務變得更加具有挑戰性，因為容器會根據叢集的意願建立和銷毀，未蒐集的日誌也隨之消失。

此外，當你的系統迅速變化時，許多除錯技術難以使用。在雲端環境中，運行工作負載的節點可能每小時甚至每分鐘都在變化。當「程式碼運行的位置」可能在觀察到故障的過程中變化時，發現一個運行緩慢的節點、網路配置錯誤，或在特定情況下表現不佳的程式碼變得極其困難。

為了解決這個問題，系統維運人員使用了一系列的工具，如日誌解析器、指標蒐集規則和其他複雜的遙測流水線，來蒐集、儲存和標準化遙測資料以供使用。許多企業使用專有工具在一個大型管理平台上蒐集這些資料，但這也有其自身的權衡。管理平台的成本可能非常高，除非你願意經歷一個昂貴的遷移過程，否則你將受限於該平台的功能。如果沒有一個平台能解決所有問題，你可能會陷入管理多個平台的局面，或者為了特定的

2　2022 年的 VOID 報告（*https://oreil.ly/xuh5c*）包含了許多有趣的洞察，涉及事件嚴重性與持續時間之間缺乏關聯的問題，這使我們得出結論：在遙測中重要的不是其在減少平均響應時間（MTTR）方面的實用性。

3　Tien Rahayu Tulili、Andrea Capiluppi 和 Ayushi Rastogi，〈Burnout in software engineering: A systematic mapping study〉《Information and Software Technology 155, (March 2023): 107116》（*https://oreil.ly/d9AMZ*）。這篇關於軟體開發和 IT 領域職業倦怠的研究回顧發現，「工作疲憊」是導致員工流失的最顯著且持久的預測因子之一。

功能和特性，如前端或移動端的可觀測性，而使用多個平台和點解決方案的組合。那些自建平台的組織最終不得不「重新發明輪子」，花費巨大代價建立自己的檢測工具、蒐集、儲存和可視化層的服務。

行業如何克服這些挑戰呢？我們的哲學是，這些挑戰源於缺乏高質量、基於標準、一致的遙測資料。如 Charity Majors 及其合著者所寫，如果可觀測性要對開發者的生活產生影響，就「需要改變對於蒐集除錯所需資料的思考方式。」[4]

遙測的重要性

為了解決營運環境監控和除錯的挑戰，你需要重新思考對遙測資料的方法。與第 1 章提到的指標、日誌和追蹤這三大支柱不同，你需要的是一條交織的編織。

不過，這在實踐中代表什麼意思呢？在本節中，你將學習到 OpenTelemetry 實踐的統一遙測的三個特性：固定和補充上下文、遙測分層，以及語意遙測。

固定和補充上下文

在監控與可觀測性領域中，上下文（Context）這一詞具有多重含義。它可以指應用程式中一個非常具體的對象，透過 RPC 傳遞的資料，或該詞語的邏輯與語言意義。然而，這些定義之間的實際含意相當一致：上下文是一種後設資料，有助於描述系統操作與遙測之間的關係。

廣義上，有兩種你需要關注的上下文，這些上下文出現在應用程式或基礎設施中。我們將這兩種上下文稱為「固定上下文」和「補充上下文」。一個可觀測性前端能夠識別並支持這些上下文的不同組合，但沒有它們，遙測資料的價值會大大降低，或完全消失。

固定上下文（Hard context）是分散式應用中每次請求的唯一標識符，可以傳播到處理同一請求的其他服務。一個基本的模型可能是從網路客戶端透過負載平衡器向 API 伺服器的單一請求，該伺服器呼叫另一個服務中的函數來讀取資料庫，並向客戶端回傳某些計算值（見圖 2-1）。這也可以看作是請求的邏輯上下文（因為它對應於單一期望的使用者與系統的互動）。

4　Charity Majors，Liz Fong-Jones 和 George Miranda，《可觀測性工程｜達成卓越營運》（歐萊禮，2023），第 8 頁。

補充上下文（Soft Context）則包括各種遙測工具附加到來自處理相同請求的各種服務和基礎設施測量上的後設資料。例如，使用者標識符、處理請求的負載均衡器的主機名，或某個遙測資料的時間戳記（也在圖 2-1 中顯示）。固定上下文與補充上下文的主要區別在於，固定上下文直接並明確地連接具有因果關係的測量資料，而補充上下文可能這樣做，但不保證。

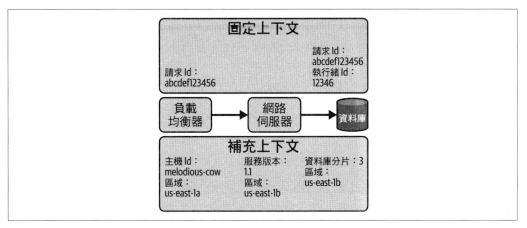

圖 2-1　網路應用程式發出的「固定」與「補充」上下文

沒有上下文，遙測的價值會大大降低，因為你失去了將測量資料相互關聯的能力。你添加的上下文越多，就越容易查詢分析資料以獲得有用的洞察，特別是當你在分散式系統中增加更多同時發生的請求處理時。

在一個併發水平較低的系統中，補充上下文可能適合解釋系統行為。然而，隨著複雜性和併發性的增加，資料點很快就會淹沒人類操作者，遙測的價值將降至零。你可以在圖 2-2 中看到補充上下文的價值，其中查看特定端點的平均延遲無法提供很多有用的線索來指出任何潛在問題，但添加上下文（一個使用者屬性）可以讓你快速識別面向使用者的問題。

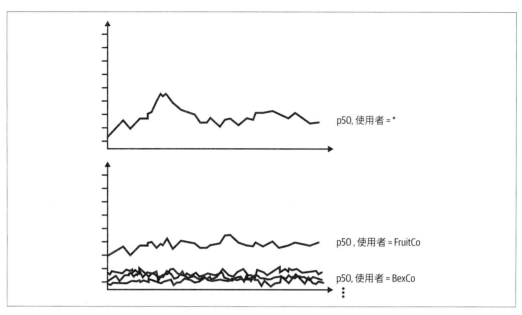

圖 2-2　一個時間序列指標，顯示 API 端點的平均延遲。上方圖表顯示平均（p50）延遲；下方圖表
　　　　應用了一個單一的分組上下文。你可以看到，由於一個異常值 FruitCo，整體平均值較高。

在監控中最常用的補充上下文是時間。一種經過驗證的方法是透過對齊多個時間窗口，
跨多個不同的檢測或資料來源，然後視覺化地解讀輸出結果來發現差異或相關因果。然
而，隨著複雜性的增加，這種方法的效果不再那麼有效。傳統上，維運人員被迫增加額
外的補充上下文，不斷「放大和縮小視野」，直到找到一個足夠精確的焦點，使他們能
夠在資料集合中找到有用的結果。

另一方面，固定上下文可以大大簡化這個探索過程。固定上下文不僅允許將單個遙測測
量與同類型的其他測量相關聯。例如，確保追蹤中的個別跨度相連接，還可以連接不同
類型的檢測工具。例如，你可以將指標與追蹤關聯起來，將日誌與跨度連接等等。固
定上下文的存在可以顯著減少維運人員在調查系統中異常行為時所花費的時間。固定上
下文還對構建某些視覺化圖表很有用，如服務地圖或系統關係圖。你可以在圖 2-3 中看
到，系統中的每個服務都與它通訊交互的其他服務在視覺上連接。僅用補充上下文來識
別這些關係很困難，通常需要人工干預。

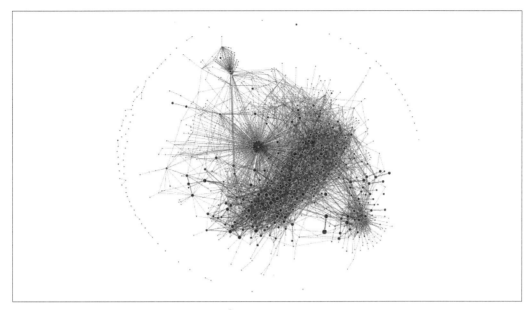

圖 2-3　來自 Uber 的大型微服務系統地圖 [5]。這種圖表的製作得益於分散式追蹤提供的固定上下文。

總結來說：固定上下文藉由定義服務和訊號之間的關係來界定系統的整體形狀；補充上下文允許你在遙測訊號中建立獨特的維度，幫助解釋特定訊號所代表的含義。

書中後面的部分將會介紹「如何操作」，但 OpenTelemetry 從基礎開始就設計為向它發出的所有訊號提供固定和補充上下文。目前，請記住這些上下文對於建立統一的遙測至關重要。

遙測分層

遙測訊號通常是可轉換的。例如，像 Cloudflare 這樣的內容傳遞網路（CDN）會為你提供充滿網站性能指標的儀表板，展示按 HTTP 狀態碼劃分的請求率。這些資料的基礎是日誌陳述，解析成時間序列指標。

5　「Introducing Domain-Oriented Microservice Architecture」，Uber 部落格，July 23, 2020，*https://oreil.ly/FNb43*。
　　這張截圖（攝於 2018 年中）展示了各個服務及其相互關係。

這在大多數監控和可觀測性工具中是一種相當常見的做法，但它有缺點。這些轉換與資源成本和時間成本相關，會消耗 CPU 和記憶體，且轉換和變換資料越多，就要花越多時間才有測量結果，還有管理和維護轉換及解析規則的時間成本。這純粹是苦差事，並且使得理解營運環境中發生的事情變得困難。通常，在警報開始響起之前，系統可能已經對使用者失敗好幾分鐘了。這是因為系統在使用遙測訊號時效率低下。

更好的解決方案是對遙測訊號分層，並以互補的方式使用，而不是試圖將單一的「密集」訊號如應用日誌，轉換成其他形式。你可以使用更專門的工具來測量應用和系統在特定抽象層次的行為，透過上下文連接這些訊號，並分層你的遙測資料，以從這些重疊的訊號中獲取正確的資料。然後，以適當、高效的方式記錄和儲存這些資料，這樣的資料可以回答系統那些你可能甚至不知道是問題的問題。如圖 2-4 所示，遙測分層讓你能更能理解和模擬你的系統。

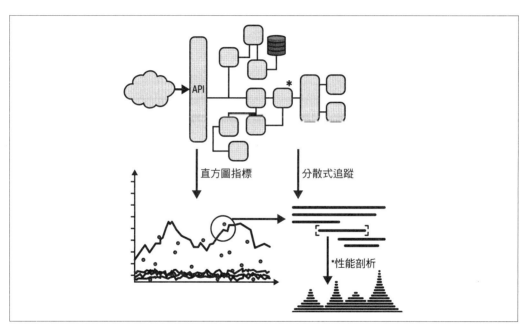

圖 2-4　分層訊號的示意圖。直方圖測量 API 延遲，以樣本資料連接到特定追蹤資料，這些追蹤又連接到配置文件或日誌，以獲得元件或功能級的洞察。

OpenTelemetry 正是基於這個概念而建立的。訊號以固定上下文相互連接，例如，指標可以附加樣本資料（Exemplar），將特定的測量連接到給定的追蹤。處理時，也會將日誌附加到追蹤上下文中，這樣就可以根據吞吐量、警報閾值、服務水平目標和協議等因素，更有效地決定要發出和儲存哪些類型的資料。

語意遙測

監控是一種被動行為。可觀測性是一種主動實踐行為。為了分析系統的運行領域，了解它在營運環境中是如何實際運作和表現的，而不是依賴於你能看到的部分，如程式碼或文件，你需要的不僅僅是基於遙測資料的被動展示儀表板和警報。

即使是高度上下文和分層的遙測也不足以自身實現可觀測性。你需要將遙測資料儲存在某個地方，並需要主動分析它。因此，你有效利用遙測的能力受到許多因素的限制，儲存、網路頻寬、遙測建立開銷（實際建立和傳輸訊號需要使用多少記憶體或 CPU）、分析成本、警報評估速率等等。更直白地說，你理解軟體系統的能力最終是一個成本優化的運動。你願意花多少錢來理解你的系統？

這一事實對現有的監控實踐造成了重大困擾。開發者往往受限於他們能提供的上下文內容與數量，因為隨著附加到遙測資料的後設資料量的增加，儲存和查詢該遙測資料的成本也隨之增加。此外，常常會多次分析不同的訊號，以達到不同的目的。例如，HTTP訪問日誌是評估特定伺服器性能的好資料來源。它們對於安全團隊也至關重要，安全團隊需要留意未經授權的訪問或營運系統的使用。這表示會有多個工具多次處理資料，以達到多種目的。

正如本章節前面提到的，結果就是開發者通常會需要在多個工具之間穿梭，這些工具有不同的介面和查詢語意，且對同一種資料的表現方式各異，開發者只能希望自己所需的資料，沒有因為儲存成本過高而遭到刪除。

OpenTelemetry 藉由可移植、語意化的遙測來尋求改變這一現狀：可移植，意味著你可以將它用於任何可觀測性前端；語意化，即自我描述。例如，OpenTelemetry 中的一個指標點包含後設資料，指出前端度量的粒度，以及每個獨特屬性的描述。前端可以利用這些資訊進一步可視化指標查詢，這不只允許你搜索測量的名稱，還能搜索它實際測量的內容。

從根本上說，OpenTelemetry 是理解系統的一個進化步驟。在許多方面，它是過去二十年來在定義和統一可觀測性概念方面工作的總結。作為一個行業，其創新速度超過了我們實施或定義有意義標準的能力。OpenTelemetry 改變了這一計算方式。有了這個認識，讓我們來談談 OpenTelemetry 為開發者、運維人員和組織解決的問題。

人們需要什麼？

遙測和可觀測性擁有許多利益相關者。不同的團隊和個人對於可觀測性系統會有不同的需求，很自然地，他們對遙測資料本身也會有不同的要求。OpenTelemetry 如何滿足這些廣泛且常常相互競爭的利益？

在本章節中，我們將討論 OpenTelemetry 為開發者和維運人員以及團隊和組織帶來的好處。

開發者與維運人員

建立和維運軟體的人員需要他們的可觀測性資料具有高品質、高度上下文內容、高度相關性和分層等特點。他們需要遙測是內建的，而不是稍後必須添加的東西。他們需要它能夠在許多來源中持續普遍存在，並且需要能夠以一致的方式修改它。無論是改變內建的遙測還是添加新的遙測，跨多種程式語言、運行環境、雲端平台等。

如今，開發者使用檢測工具函式庫來建立這些遙測資料，他們有許多現有選擇，例如Log4j、StatsD、Prometheus 和 Zipkin。專有工具還提供了自己的檢測功能 API 和軟體開發套件（SDK），以及對流行框架、函式庫、資料庫等的內建整合。

最終，這些檢測工具函式庫和格式對開發者和維運人員來說非常重要，因為它們定義了你能如何，以及如何有效地，透過遙測來模擬你的系統。檢測工具函式庫的選擇可能限制了你的系統的有效可觀測性：如果你不能發出正確的訊號，帶有正確的上下文和語意，你可能會發現自己根本無法回答某些問題。開發者在學習可觀測性時面臨的最大挑戰之一，是每個人做事的方式都略有不同。擁有強大、集中化的平台工程和內部工具團隊的組織，可能提供強大且整合良好的檢測工具函式庫和遙測能力，但許多組織並非如此。

可觀測性的一個推動問題是，系統過於龐大和複雜，而難以完全掌握並理解它們。當然，一直以來都存在於大型且複雜的軟體系統中，但現在真正不同的是變化的速度和由此導致的人類理解的喪失。在一個節奏較慢的世界裡，曾經有人理解應用的細微差別以及它們是如何組合在一起的，我們稱之為質量保證（QA）。隨著時間的推移，隨著越來越多組織拋棄傳統的 QA 流程，並用持續整合和交付來替代，人們越來越難以吸收系統的「形狀」。我們越是加快速度，就越需要無處不在、高質量的遙測資料，來描述發生的事情及原因。

除了檢測工具函式庫和高質量的遙測資料之外，維運人員還需要一個豐富的工具生態系統來幫助他們蒐集和處理遙測資料。當你每天產生 PB 級大小的日誌、指標和追蹤時，你需要一種方法來切割噪音，以便找到訊號，這不是一件小事！簡單地說，有太多的資料需要儲存和稍後分析查看，而且大部分資料可能並不十分有趣。因此，維運人員依賴能夠產生各種訊號的檢測工具，以及幫助他們過濾不重要事物的工具，以便他們能夠與開發者一起確保系統的可靠性和韌性。

團隊和組織

可觀測性不僅僅是為開發者設計的。其利益相關者還包括安全分析師、項目經理和高階管理層。他們可能需要對相同資料的不同視角，以不同的解析度來查看，但可觀測性仍然是任何組織威脅態勢、業務規劃和整體健康的關鍵部分。

你可以將這些視為「業務」的需求，但它們不僅僅如此。每個人都能從以下方面受益：

- 開放標準，避免供應商鎖定
- 標準資料格式和傳輸協議
- 可組合、可擴展且紀錄完善的檢測工具函式庫和對應的工具

可預測性對大多數組織來說極具吸引力，這就是為什麼組織中的標準化流程與程序存在的原因！他們以效率換取降低風險（大多數企業最不喜歡的詞）。採用創新實踐冒險沒問題，但在不確定你的應用是否正常運行和維運時，冒險就不是個好主意了。因此，標準是組織及其可觀測性需求的當務之急。

基於標準的方法有許多好處。可維護性（Maintainability）就是一個例子。採用開放格式意味著開發者和團隊有更多的培訓機會。與其讓新工程師慢慢適應你的定制內部解決方案，不如讓他們學習如何使用開放標準檢測，並將這些知識帶入工作。這不僅提高了你維護現有檢測工具的能力，也有助於快速讓新開發者成為團隊的高效成員。

開放標準不僅風險較低；它們還具有未來性。環顧四周，從 2021 年到 2023 年，行業見證了多輪整合、收購以及大大小小的可觀測性產品失敗。在過去的 20 年中，我們見證了多種指標格式的建立和流行，但最終都或多或少地由新進者取代或降低了地位。

開放標準和開源不只是「可有可無」，它們在評估和建立你的可觀測性實踐時至關重要。你不需要看得太遠就能看到完全依賴專有解決方案的一些缺點。Coinbase（*https://oreil.ly/606GK*）2022 年在 Datadog 上花費了 6500 萬美元！我們並不是說這不值得，但天哪，這真是一大筆錢。

對組織來說最後一個重要因素是兼容性。你不太可能拔掉你現有的（功能性）檢測工具，只為了換成新的東西，而在大多數情況下這樣做是不明智的，除非你能獲得顯著更多的價值。關於這一點並沒有許多硬性規定，所以你需要的是能夠搭建舊的和新的橋樑，採納新的實踐同時保持你已有的東西，並將現有的遙測資料提升到標準格式。

為什麼使用 OpenTelemetry？

鑑於這些眾多利益相關者的所有需求，OpenTelemetry 為何會成為理想的解決方案？在最高層面上，OpenTelemetry 提供了兩個基本價值，這在其他地方找不到。

通用標準

OpenTelemetry 解決了當前可觀測性狀況中固有的問題。它提供了一種建立高質量、無所不在的遙測資料方法。它提供了一種標準方式來表示和傳輸遙測資料到任何可觀測性前端，消除由供應商所鎖定的標準。它旨在使遙測成為雲端原生軟體的內建功能，並且在許多方面它正在實現這一目標。截至本書撰寫時，三大主要雲端提供商：亞馬遜、Azure 和 Google Cloud Platform，都支持 OpenTelemetry，並正朝著將它標準化的方向前進。所有主要的可觀測性平台和工具都以某種方式接受 OpenTelemetry 資料。越來越多的函式庫和框架每個月都在採用 OpenTelemetry。

OpenTelemetry 預示了一個遙測會真正成為商品的未來，並致力於實現這樣的未來。它建造的未來是所有軟體都在表面之下建立豐富的遙測資料流，你可以根據自己的可觀測性目標挖掘和選擇所需資料。它不僅僅是一個新興標準，在這一點上，它是不可避免的，也是你需要採用的東西。

相關資料

OpenTelemetry 不僅僅是對以往實踐的規範化。為了推動該領域向前發展，下一代可觀測性工具需要有效地模擬維運平台在調查其系統時執行的工作流程。它們還需要運用機器學習來揭示那些可能難以直觀理解的相關性。

只有當所有遙測資料都規範化並相互關聯時，才能實現流暢的工作流程和高質量的相關性。OpenTelemetry 不僅僅是在同一地點堆疊的追蹤、指標和日誌。所有這些部分都是同一資料結構的一部分，連接成一個單一的圖表，描述了整個系統隨時間的變化。

總結

在本章節中，我們討論了營運環境監控的挑戰以及開發者、組織和可觀測性工具對遙測資料據的需求。這是為什麼你應該使用 OpenTelemetry 的動機理由。

既然已經討論了為什麼，本書的其餘部分將著重講述你如何成功採用 OpenTelemetry。我們將從介紹 OpenTelemetry 的程式碼和元件開始，然後進一步深入探討三個主要的可觀測性訊號：追蹤、指標和日誌，並詳細談談 OpenTelemetry 的資料格式。

第三章

OpenTelemetry 概覽

你無法傳遞達複雜度，只能傳達對它的認知程度。

— Alan J. Perlis[1]

OpenTelemetry 包含了建立現代遙測系統所需的一切。要理解它，你不僅需要知道它如何適應雲端原生軟體系統，還要了解它在更廣泛的商業和開源可觀測性市場中的定位。

OpenTelemetry 解決了兩個關鍵問題。首先，它為開發者提供了一個統一的內建檢測工具解決方案。其次，它確保了檢測工具和遙測資料能夠簡易地整合進可觀測性生態系統中的其他工具和平台。

這些問題有很多共同點，實際上它們構成了相同的挑戰，但是明確說明我們所指的內容很有幫助。在這個背景下，內建（或原生）檢測工具意味著某個函式庫、服務、管理系統或類似的東西，直接從應用程式的程式碼建立各種遙測訊號，並與其他訊號關聯。

你需要能夠使用不僅僅是通用的 API 或 SDK，而是一套「名詞和動詞」，一套關於事物含義的共通定義（也稱為語意）來建立和處理遙測資料。這不僅僅是在訊號之間有一致的屬性，儘管這是其中的一部分。你需要在你的遙測中有一致的屬性和標籤，以便將它們相互關聯。真正的原生檢測工具都擁有語意上準確的檢測能力。

---

1   Alan J. Perlis, "Epigrams on Programming," SIGPLAN Notices 17, no. 9 (September 1982): 7–13.

要學習 OpenTelemetry，你需要了解的不僅僅是如何建立一個 Span（跨度）或初始化 SDK。你需要理解訊號、上下文和語意約定，以及它們是如何緊密結合在一起的。我們將在第 5 至第 8 章深入探討這些細節，但首先讓我們開始了解 OpenTelemetry 用來整合所有這些部分的模型。圖 3-1 展示了 OpenTelemetry 的高階模型定義。

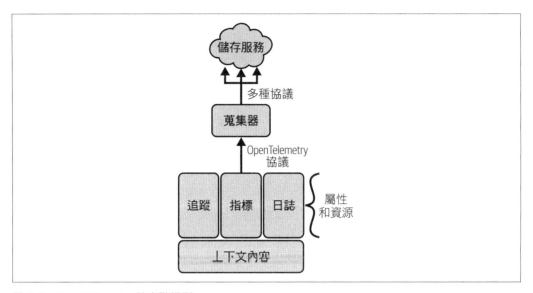

圖 3-1　OpenTelemetry 的高階模型

在本章的其餘部分，我們將深入探討這個模型的每個元件。我們將從 OpenTelemetry 產生的訊號類型開始，探討將這些訊號綁定在一起的上下文，以及用於表示不同類型的函式庫和軟體元件的屬性與語意約定。然後我們將看看用於建立流水線的協護和服務，這些流水線將所有這些訊號發送到用於儲存和分析的可觀測性工具。最後，我們將簡要介紹 OpenTelemetry 對穩定性和未來適應性的承諾。

主要的可觀測性訊號

正如第 1 章所述，檢測（Instrumentation）是將可觀測性程式碼添加到服務或系統中的過程。大致上有兩種方法可以實現這一點。第一種是透過「白盒子」，即直接在服務或函式庫中添加遙測程式碼；第二種是使用「黑盒子」，利用外部代理服務或函式庫生成

遙測資料，無需直接修改程式碼。在這兩種情況下，你的目標是生成過程中原始資料的一個或多個訊號。OpenTelemetry 關注三個主要訊號：追蹤、指標和日誌[2]，這些訊號大致按重要性排序。它們的重要性來自於以下目標：

- 利用實際的營運環境資料和服務間通訊，交互捕捉系統中服務之間的關係。

- 為服務遙測資料添加一致且具描述性的後設資料，以表明服務的運行情況和運行位置。

- 明確識別任意測量組合之間的關係，基本上是「這件事情與那件事情同時發生」。

- 高效地建立系統事件的準確計數和測量，如發生的請求數，或完成請求所需時間在100 至 150 毫秒之間的次數。

這些任務在大規模環境中可能極為困難；大型企業在執行一些看似簡單的任務時所花費的金額相當驚人，例如統計各種服務的數量和關鍵性。隨著雲端原生架構的複雜性增加，小型組織也開始面臨類似的挑戰，這導致大量短暫且動態的工作需要執行。OpenTelemetry 旨在提供回答這些問題和執行這些任務所需的基石，特別是針對雲端原生架構。因此，OpenTelemetry 專注於為雲端原生軟體提供語意上準確的檢測能力。

接下來，讓我們依次討論三個主要訊號。

追蹤

追蹤（Trace）是表示分散式系統中工作的一種方法。你可以將其視為一組遵循明確模式的日誌聲明。系統中每個服務的工作透過固定上下文相互關聯，如圖 3-2 所示。追蹤是分散式系統可觀測性的基本訊號。每個追蹤是一系列相關日誌的集合，這些日誌稱為 Span，用於特定的請求處理。每個 *Span*（跨度）依序包含多個欄位。[3] 如果你熟悉結構化日誌，你可以把追蹤視為一組透過共享識別符關聯的日誌。

---

2 OpenTelemetry 目前正在努力添加對前端網路會話和性能剖析的支持；前端網路會話是一種訊號，用於表示網站或移動客戶端中的持續使用者網路會話，而性能剖析則是一組堆疊追蹤和指標，用於剖析程式碼具體某一行的性能指標。

3 請查看 OpenTelemetry 官方規範 (*https://opentelemetry.io/docs/specs*) 以獲得這些欄位及其用途的完整解析。

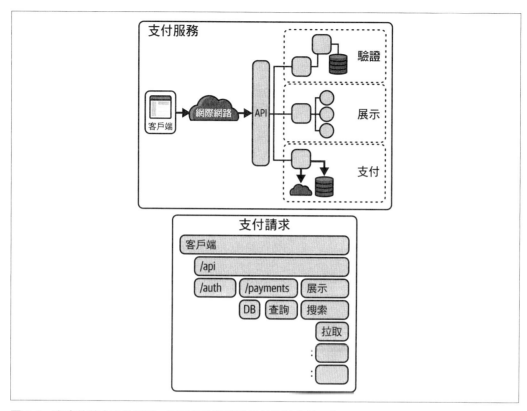

圖 3-2　商店的基本支付服務。下面的追蹤描述了付款請求的工作。

追蹤與結構化日誌的區別，在於追蹤是一種對於請求／回應請求處理極為龐大的可觀測性訊號，這種請求處理在雲端原生分散式系統中非常普遍。追蹤提供了幾個語意上的優勢，使其成為一種寶貴的可觀測性訊號，例如：

- 單一追蹤代表分散式系統中的單一請求處理或旅程。這使得追蹤成為模擬最終用戶體驗的最佳方式，因為一個追蹤對應於一個用戶在系統中的路徑。

- 一組追蹤可以在多個維度上聚合，以發現其他方式難以察覺的性能特徵。

- 追蹤可以轉換為其他訊號，如指標，允許對原始資料進行降取樣而不流失關鍵性能資訊。換句話說，單個追蹤包含計算單個請求的「黃金訊號」所需一切資訊，如延遲、流量、錯誤和資源飽和程度。

追蹤是處理請求可觀測性的核心。它是理解營運環境中分散式系統的性能、健康和行為
的最佳方式。然而，它不是衡量系統的唯一方式，可觀測性需要你將多種訊號結合。有
鑑於此，讓我們來討論其中一個最廣泛的訊號：指標。

指標

指標（Metric）是系統狀態的數值測量和紀錄，例如系統中同時登入的使用者數、裝置
上使用的硬碟空間量，或虛擬機器（VM）上可用的 RAM 容量。指標資料因為建立和儲
存成本低廉，非常適用於準確衡量系統的「全局視圖」。

指標通常是開發者用來了解整體系統健康狀況的首選工具。它們廣泛應用於各種系統和
環境中，建立快速且成本效益高。然而，傳統的指標也存在一些挑戰。它們通常缺乏固
定上下文，在某些情況下，很難或甚至不可能準確地將給定的指標與特定的最終使用者
請求處理相關聯。它們也可能難以修改，特別是將它們定義在第三方函式庫和框架中。
這導致兩個相似的指標在報告資訊方式和時機上存在不一致，給系統帶來挑戰。從與維
運人員和可觀測性團隊的交流中我們知道，控制指標的成本和複雜性是他們的主要挑戰
之一。

在 OpenTelemetry 中，會將指標設計來支持三個主要目標：

- 開發者應能在其程式碼中定義重要的、具有語意意義的事件，並指定這些事件如何
  轉換為指標訊號。

- 維運人員應能透過聚合或重新聚合這些指標的時間或屬性來控制成本、資料量和解
  析度。

- 轉換過程不應改變指標資料原有的基本含意或本質屬性。

例如，假設你想要透過一個處理影像的服務來測量進來的請求資料量。OpenTelemetry 允許你透過一個指標工具以位元組為單位記錄這個資料量大小，然後對這些事件應用聚合，例如確定一段時間視窗內記錄的最大資料量，或將它們加總以獲得某個屬性的總位元組數。這些資料流隨後會匯出到其他 OpenTelemetry 元件，在那裡可以進一步修改，例如添加或移除屬性，或修改時間視窗，而不改變測量的含義。

這看起來可能有點多，但以下有一些重要的要點：

- OpenTelemetry 指標包括可觀測性流水線或前端可利用的語意意義，以便智慧地查詢和視覺化指標資料流。

- OpenTelemetry 指標可以透過固定上下文和補助上下文與其他訊號連接，允許你為成本控制或其他目的分層處理遙測訊號。

- OpenTelemetry 指標支援開箱即用的 StatsD 和 Prometheus，讓你將這些現有的指標訊號映射到 OpenTelemetry 生態系統中。

樣本資料

OpenTelemetry 指標具有一種特殊的固定上下文，稱為樣本資料（Exemplar），它允許你將事件連結到特定的 Span 和追蹤。在第 5 章中，我們將討論如何建立這些指標並在你的應用程式中使用它們。

日誌

日誌是最後一個主要訊號，也許你很訝異我們最後才討論它。畢竟，由於使用方便，日誌幾乎無處不在，它們是獲取電腦行為的最基本方法。OpenTelemetry 對日誌的支援比較傾向於你已經熟悉和習慣的現有日誌 API，而不是試圖重新發明輪子。

話雖如此，現有的日誌解決方案與其他可觀測性訊號的耦合較弱，通常要透過相關性，來實現日誌資料與追蹤或指標的關聯。這些關聯可能透過對齊時間視窗來執行（例如「在 09:30:25 至 09:31:07 之間發生了什麼」），或透過比較共享屬性來完成。沒有一種標準的方法可以包括統一的後設資料，或將日誌訊號與追蹤和指標連結起來，以發現因果關係。如雲端原生架構中常見的分散式系統，經常最終形成高度分散的日誌集合，這些日誌從系統的不同元件蒐集，通常在不同的工具中集中處理。

從根本上說，OpenTelemetry 模型試圖透過追蹤上下文豐富日誌記錄語句，並連結到同時記錄的指標和追蹤，來統一這一訊號。簡單來說，OpenTelemetry 可以取得應用程式程式碼中現有的日誌記錄語句，查看是否存在現有上下文，如果有的話，確保日誌記錄語句與該上下文關聯。

有些讀者可能會問日誌在可觀測性中的作用是什麼，這是一個合理的問題。傳統上，日誌在實用性方面與追蹤占據了相同的「心理空間」^{譯註}，但一般認為日誌更靈活且更易於使用。在 OpenTelemetry 中，使用日誌有四個主要原因：

- 從無法追蹤的服務中獲取訊號，如遺留程式碼、大型主機和其他紀錄系統。
- 將基礎設施資源如託管資料庫或負載平衡器與應用程式事件相關聯。
- 了解與使用者請求無關的系統行為，如定時任務或其他定期和按需工作。
- 將它們處理成其他訊號，如指標或追蹤。

再次強調，我們將在後續章節中更深入討論如何建立和設定日誌流水線。接下來，我們將更深入地探討 OpenTelemetry 中每個訊號如何透過固定上下文和補助上下文連接，我們將向你介紹可觀測性上下文的具體細節。

可觀測性上下文

在前一節中，我們介紹了幾個概念，屬性、資源等等。它們在某種層面上都是同一種東西：後設資料（Metadata）。然而，理解它們之間的差異和相似之處是學習 OpenTelemetry 的關鍵部分。邏輯上，它們都是上下文的形式。

如果一個訊號給你提供了某種測量或資料點，上下文是使這些資料變得相關的因素。回想我們之前的例子，一個交通規劃者。知道整個城市有多少人在等公車是有用的，但如果沒有那些人正在等待地點的上下文，你就無法理解在哪裡需要增加更多公車。

在 OpenTelemetry 中有三種基本類型的上下文：時間、屬性和上下文物件本身。時間相對容易理解：什麼時候發生了什麼事？我們接下來將討論其餘的內容。

譯註 心理空間（Mental space），是一個比喻性的表達，用於描述人們在思考或考慮某個主題或技術時心理上的關注和占用。具體到日誌和追蹤的上下文中，這意味著在功能和實用性方面，日誌和追蹤在開發者和系統管理員的心理預期和思考中占據相似的位置。

好吧，但是什麼時候發生了什麼事呢？

用時間排序事件，看起來是非常合乎邏輯的方式，但在思考分散式系統中的遙測資料時，它卻極不可靠。由於多種因素，包括執行緒執行的暫停、資源耗盡、裝置休眠／喚醒行為或網路連線遺失，時鐘可能會漂移並變得不準確。即使在單一的 JavaScript 處理程式中，系統時鐘在一個小時內也可能會失去高達約 100 毫秒的精確度。這就是為什麼特定上下文（如追蹤中呼叫之間的關係或共享屬性）非常有用的眾多原因之一。

上下文層

如前所述，上下文是遙測系統的一個基本組成部分。從這個角度來看，OpenTelemetry 上下文規範（*https://oreil.ly/XXX4L*）看似簡單。從宏觀的角度來講，規範將上下文（Context）定義為「一種傳播機制，它在 API 邊界之間以及邏輯上相關的執行單元之間傳遞執行範圍內的值。」執行單元（*https://oreil.ly/2TvZA*）是指在某種語言中的執行緒、協程或其他順序程式碼執行結構[譯註]。換句話說，上下文在不同的間隙中傳遞訊息：透過流水線在同一台電腦上運行的兩個服務之間、透過遠端過程呼叫在不同伺服器之間，或在單一處理程式的不同執行緒之間（圖 3-3）。

上下文層的目標是提供一個乾淨的介面，無論是對現有的上下文管理器，如 Golang 的 context.Context、Java 的 ThreadLocals 或 Python 的上下文管理器，還是對其他適當的載體。重要的是必須有上下文，而且它需要包含一個或多個傳播器。

傳播器（Propagator）（*https://oreil.ly/zYaig*）是實際上如何將值從一個處理程式發送到下一個處理程式的方式。當一個請求開始時，OpenTelemetry 基於已註冊的傳播器為該請求建立一個唯一識別碼。然後，可以將這個識別碼添加到上下文中來，序列化，並發送到下一個服務，該服務將對其進行反序列化並將其添加到本地上下文中 [4]。

譯註　這包括其他可以順序執行程式碼的結構，如 JavaScript 的 Event loop、Go 語言中的 goroutine 等。這些結構通常也用於實現高效的並行和非同步處理。

4　OpenTelemetry 預設使用 W3C 追蹤上下文（*https://www.w3.org/TR/trace-context*）作為跨 RPC 和其他服務的傳播器，但它也支援其他選項，例如 B3 追蹤上下文和 AWS X-Ray。

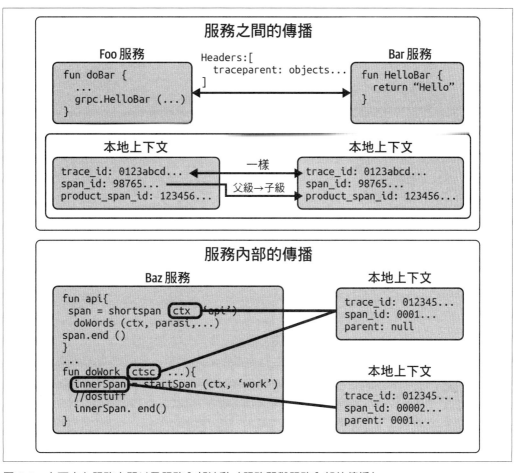

圖 3-3　上下文在服務之間以及服務內部流動（服務間與服務內部的傳播）

行李

傳播器攜帶請求的固定上下文（如 W3C 追蹤上下文），但它們也可以攜帶所謂的行李（Baggage），或補助上下文內容。行李的目的是傳輸某些你可能希望放在其他訊號上的資訊（例如，使用者或網路會話 ID），從它們建立的地方到系統的其他部分。一旦添加了行李，就不能移除它，並且也會傳輸到外部系統，所以要小心放在裡面的內容！

這形成了 OpenTelemetry 中固定上下文的基礎：任何啟用了 OpenTelemetry 追蹤的服務都將建立並使用追蹤上下文來產生代表該服務中正在進行工作的遙測資料。此外，OpenTelemetry 可以將此上下文與其他遙測訊號（如指標或日誌）進行關聯。

然而，這並不是 OpenTelemetry 能夠提供的唯一類型的上下文。該專案維護了一系列語意約定（*https://oreil.ly/lmRoT*），以建立一套一致且清晰的後設資料集合，這些後設資料可應用於遙測訊號。這些約定允許透過標準維度進行分析，減少了資料後處理和標準化的需求。這些語意涵蓋從用於表示伺服器主機名稱、IP 位址或雲端區域等資源的後設資料，到特定的命名約定，如 HTTP 路由、無伺服器執行環境資訊和發布 - 訂閱訊息佇列方向。你可以在 OpenTelemetry 專案網站上找到範例（*https://oreil.ly/otelex*）。

合併標準

2023 年 4 月，OpenTelemetry 和 Elastic 宣布合併 Elastic 通用結構描述（ECS）與 OpenTelemetry 語意約定（*https://oreil.ly/Q_EAi*）。這一合併完成後，將減少遙測後設資料的競爭標準，這是雲端原生領域標準制定努力價值一個絕佳例子。

語意約定過程的目標是建立一套標準化且具代表性的後設資料集合，這些後設資料可以精確地建模和描述分散式系統中某個特定請求處理的背後資源，還能描述該請求處理本身。回想一下本章節早些時候討論的語意檢測。如果追蹤、指標和日誌是描述系統如何運作的動詞，語意約定就是提供了描述系統正在做什麼的名詞。第 37 頁的「語意約定」一節中會更深入探討這個主題。

屬性和資源

OpenTelemetry 發出的每一份遙測資料都具有屬性，稱為欄位或標籤，你可能在其他監控系統中聽過。這些屬性是一種後設資料，它告訴你一份遙測資料代表什麼。簡單來說，一個屬性（Attribute）是一個鍵值對，描述了遙測資料的一個有趣或有用的維度。如果你正在嘗試理解系統中發生的情況，屬性是你想要過濾或分組的東西。

回到交通系統範例。如果你想測量有多少人在使用它，你會有一個單一的數量，特定日子裡的乘客數。屬性為這個測量提供了有用的維度，例如某人使用的交通形式、他們出發的車站，甚至是如他們的名字這樣的獨特標識符。有了這些屬性，你可以提出一些非常有趣的問題，如果只知道有多少人乘坐，是無法提出這些問題的！你可以看到哪種交通方式最受歡迎，或哪些車站過於擁擠。透過高度獨特的屬性，甚至可以追蹤乘客隨時間的變化，看看是否有使用上的有趣模式。

同樣地，當你在詢問有關分散式系統的問題時，你可能會考慮多種維度，例如工作負載的地區或區域，服務運行的特定 pod 或節點，請求為其發出的客戶或組織，或佇列上訊息的主題 ID 或分片資訊。

OpenTelemetry 中的屬性有一些直接的要求。給定的屬性鍵可以指向單一字串、布林值、浮點數或有符號整數值。它也可以指向同類型的同質值陣列。這是一個重要的事項，因為屬性鍵不能重複。如果你想為單一鍵分配多個值，你需要使用陣列。

屬性不是無限的，你在使用不同類型的遙測時要小心。預設情況下，OpenTelemetry 中任何單一的遙測資料最多可以有 128 個唯一屬性；這些值的長度沒有限制。

這些要求有兩個原因。首先，建立或分配屬性並非零成本。 OpenTelemetry SDK 需要為每個屬性分配記憶體空間，而且出現意外行為或程式碼錯誤時，很容易意外耗盡記憶體空間。（順便說一下，這些都是極難診斷的崩潰情況，因為你也在失去關於發生了什麼事的遙測資料。）其次，在向指標檢測工具添加屬性時，當將它們發送到時間序列資料庫時，可能迅速觸發所謂的基數爆炸。

如圖 3-4 所示，每個指標名稱和屬性值的獨特組合都會建立一個新的時間序列。因此，如果你建立的屬性各有成千上萬甚至百萬的值，則建立的時間序列數量可以呈指數增長，導致資源耗盡或指標後端服務崩潰。無論訊號類型如何，屬性都是每個點或紀錄的獨特性。在建立、處理和匯出遙測資料時，每個 Span、日誌或資料點的數千個屬性不僅會導致記憶體使用率迅速膨脹，還會導致網路頻寬、儲存空間和 CPU 使用率迅速膨脹。

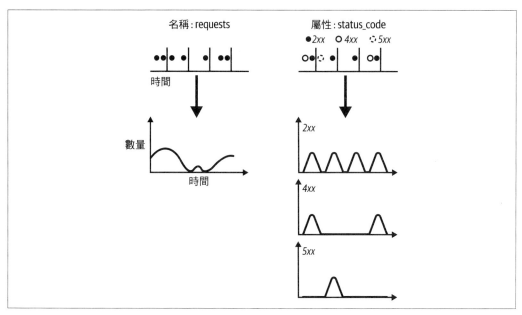

圖 3-4　基數的實際應用。向指標添加屬性會為每組屬性值的組合建立一個獨特的時間序列。在這個
　　　　例子中，status_code 的基數為 3，因此它只有三個時間序列。如果你添加了像 customer_id
　　　　這樣的屬性，其具有成千上萬甚至百萬的變化，這將轉變為成千上萬或數百萬的時間序列！

有兩種方法可以管理屬性的基數。第一種是使用可觀察性流水線、視圖和其他工具來降
低指標、追蹤和日誌在發出和處理時的基數。OpenTelemetry 專為這種用例設計，特別
是在指標的情況下。我們將在第 5 章和第 6 章中更詳細地解釋這種方法。

此外，你可以從高基數的指標中省略屬性，並將這些鍵（欄位名稱）用於 Span 或日誌
上。跨度和日誌通常不會遭受我們提到的基數爆炸，並且一般來說，有更結構化的後設
資料來描述這些訊號代表的內容非常好！你可以對資料提出更有趣的問題，並透過為
你的服務精心設計準確和描述性的自定義屬性，來建立對系統中發生情況的真實語意
理解。

OpenTelemetry 還定義了一種特殊類型的屬性，稱為資源（Resource）。屬性和資源之間
的區別很明確：屬性可以從一個請求變化到下一個請求，但資源在處理程序的整個生命
週期內保持不變。例如，伺服器的主機名將是一個資源屬性，而客戶 ID 則不是。第 5
章和第 6 章將進一步討論建立資源屬性。

語意約定

幾年前，在 Prometheus 和 OpenTelemetry 的維護者之間的一次會議上，一位未具名的 Prometheus 維護者開玩笑說：「你知道嗎，我不確定其他的事情，但這些語意約定是我這段時間以來看到最有價值的東西。」這聽起來有點傻，但也是真的。

系統維運人員被迫處理大量的繁瑣工作，只是為了確保屬性鍵（欄位名稱）、值及其代表的含義在多個雲端、應用程式運行時、硬體架構和框架及函式庫的版本間保持一致。OpenTelemetry 的語意約定（*https://oreil.ly/semconv*）旨在消除這種持續的摩擦點，並為開發人員提供一套單一且定義良好的屬性鍵和值。截至撰寫本書時，這些約定正朝著穩定性推進。實際上，當你讀到這篇文章時，我們希望其中許多約定已經穩定下來。

語意約定主要有兩個來源。第一個來源是項目本身描述和發布的一套約定，這些約定獨立於其他 OpenTelemetry 組件進行版本控制，每個版本都包含一個列出驗證和轉換規則的模式（有關更多資訊，請參見本章後面的「兼容性與未來保障」）。這些約定旨在涵蓋雲端原生軟體中最常見的資源和概念。例如，異常的語意約定定義了應如何在 span 或日誌中記錄異常和堆疊追蹤。這對於開發檢測工具程式碼或可觀測性前端的開發人員非常有用，因為他們可以建立支持這些語意資料的用戶介面。

另一個來源是平台團隊和其他內部來源。由於 OpenTelemetry 是可擴展和可組合的，你可以自己開發語意約定函式庫，該套件包括特定於你的技術堆疊或服務的屬性和值。這對於擁有集中式可觀測性團隊的組織非常有益，因為這使他們能夠提供工具來確保跨團隊的遙測資料具有一致的屬性。這也意味著他們可以利用幾頁後將討論的遙測模式概念，在內部模式變更時提供遷移。這減少了內部平台維護者的負擔，他們不再需要編寫大量的重寫規則和正則表達式，而是可以使用內建的 OpenTelemetry 函數來應用轉換。

第三方函式庫和框架的開發人員也能從語意約定中受益。語意約定允許他們與軟體一起「發布他們的可觀測性」，為用戶提供定義良好的屬性來監控和警報。未來，我們希望看到更多類似 OpenSLO（*https://openslo.com*）和 OpenFeature（*https://openfeature.dev*）的工作，為用戶提供跨 OpenTelemetry 資料定義警報、儀表板和查詢的開放標準。

OpenTelemetry 協議

OpenTelemetry 最令人興奮的功能之一是提供了一個標準的資料格式和協議，用於可觀測性資料。OpenTelemetry Protocol（OTLP）（*https://oreil.ly/Ad6TE*）提供了一種單一且支援良好的線上格式：即資料在記憶體中儲存或透過網路傳輸的方式，以便在代理、服務和後端之間傳輸遙測資料。它可以以二進位和基於文本的編碼方式傳送或接收，目標是使用較少的 CPU 和記憶體。在實際應用中，OTLP 為眾多遙測資料的生產者和消費者帶來了顯著的好處[5]。

遙測資料的生產者可以透過在現有遙測導出格式之間加入一層薄薄的轉換層來針對 OTLP，使其與大量現有系統兼容。現在存在數百種這類整合方式，例如藉由 AWS Kinesis Streams 使用 OTLP（*https://oreil.ly/Bb6CY*），或 OpenTelemetry Collector 的 contrib 接收器（*https://oreil.ly/aMsdQ*）。此外，這種轉換可以將現有屬性重新映射到其指定的語意約定中，確保新舊資料的一致性。

遙測資料的消費者可以使用數十種開源和商業工具（*https://oreil.ly/zpH7T*）來使用 OTLP，使他們擺脫專有技術的束縛。OTLP 也可以導出到平面文件[譯註]或列式儲存系統，甚至可以導出到像 Kafka 這樣的事件佇列中，允許幾乎無限地自定義遙測資料和可觀測性資料流水線。

最後，OTLP 是 OpenTelemetry 項目的一部分。新的訊號將需要更新，但它仍然與舊的接收器和導出器向後兼容，確保投資不會隨時間浪費。雖然可能需要升級資料格式以利用新功能或新功能，但你可以放心，OTLP 中的遙測資料將與你的分析工具保持兼容。

兼容性與未來保障

OpenTelemetry 的基礎建立在兩個要點上：基於標準的上下文和約定，以及通用的資料格式。隨著新訊號、新功能和日益增長的工具和客戶端生態系統的出現，如何保持最新狀態，並如何規劃變更呢？

5　欲了解有關 OTLP 的完整討論，以及協議緩衝區參考，請參見 GitHub 上的 OpenTelemetry 協議頁面（*https://oreil.ly/openteleproto*）。

譯註　平面檔案（Flat file）是一種簡單的資料儲存格式，其中資料以純文本格式儲存，每行代表一條紀錄，各欄位之間通常使用分隔符號（如逗號、制表符）分隔。這種文件結構相對於資料庫等複雜結構來說是「扁平的」，因此稱為「flat file」。這種格式的文件不包含資料之間的層次結構或關聯性。

該項目制定了一個嚴格的版本控制和穩定性指南（*https://oreil.ly/ssE1H*），以指導其思考和路線圖。簡而言之，不會有 OpenTelemetry v2.0。所有更新將沿著 v1.0 線繼續，儘管可能會有棄用和變更，它們將按照已發布的時間表進行。圖 3-5 顯示了長期支持指南。

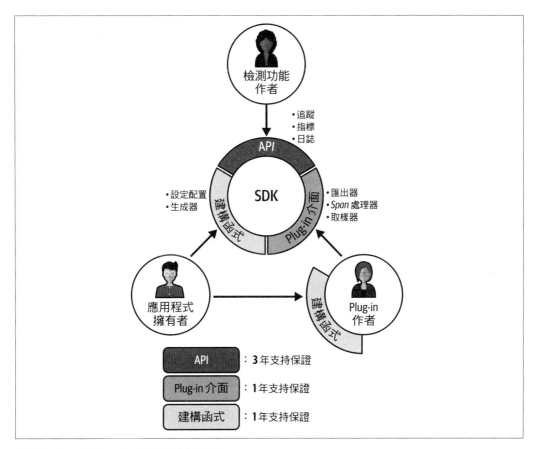

圖 3-5　OpenTelemetry 的長期支援保證

OpenTelemetry 有一個遙測結構描述的概念（*https://oreil.ly/q923o*），以幫助遙測資料的消費者和生產者隨著時間的推移應對語意約定的變更。透過構建支持結構描述的分析工具和儲存後端，或依賴 OpenTelemetry Collector 進行結構描述轉換，你可以從語意約定的變更（及其在分析工具中的相關支持）中受益，而無需重新實施或重新定義現有服務的輸出（見圖 3-6）。

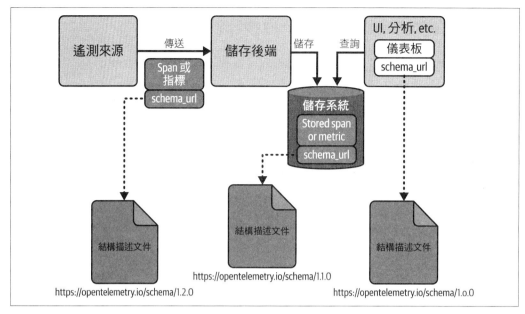

圖 3-6　這是一個支持結構描述的遙測系統範例

總結

綜上所述，這些為提供穩定性和無縫升級路徑所做的努力，使 OpenTelemetry 在應對那些尋求標準化遙測系統的大型組織所面臨的挑戰，以及感到現有工具限制的開發人員和維運人員的需求時，具有獨特的優勢。不管你是一個人獨自從事業餘項目的工程師，還是一家制定多年監控和可觀測性戰略的世界 500 強公司，OpenTelemetry 對於以下這個問題：「我們應該使用哪個日誌、指標或追蹤函式庫？」都能夠提供清晰而明確的答案。

第四章

OpenTelemetry 架構

大家都知道，除錯一個程式的難度是寫這個程式的兩倍。所以，如果你在
寫程式時已經發揮所有聰明才智，那要如何才能除錯呢？

— Brian W. Kernighan 和 P. J. Plauger[1]

OpenTelemetry 由三種類型的組件組成：安裝在應用程式內的檢測元件、用於基礎設施
（如 Kubernetes）的導出器，以及用於將所有這些遙測資料發送到儲存系統的流水線組
件。你可以在圖 4-1 中看到這些組件的連接方式。

本章將為你提供 OpenTelemetry 各元件的概述。之後，將深入了解 OpenTelemetry 演示
應用程式，看看這些元件如何協同工作。

應用程式遙測

最重要的遙測來源是應用程式。這意味著必須在每個應用程式中安裝 OpenTelemetry
（簡稱為 OTel）才能正常運作。無論是透過使用代理自動安裝，還是透過編寫程式碼手
動安裝，所需安裝的元件都是相同的。圖 4-2 顯示了這些元件如何協同工作。

1　Brian W. Kernighan and P. J. Plauger, The Elements of Programming Style, 2nd ed. (New York: McGraw-Hill,1978).

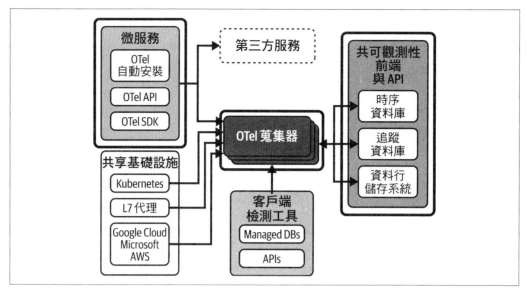

圖 4-1　OpenTelemetry 與分析元件之間的關係

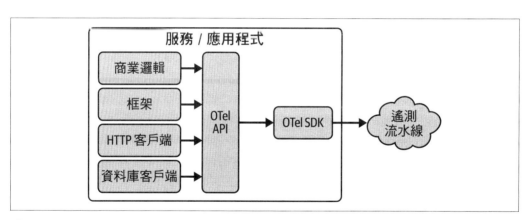

圖 4-2　OpenTelemetry 應用程式架構

函式庫的檢測工具

最重要的遙測資料來自於開源軟體函式庫（OSS），如框架、HTTP 和 RPC 客戶端以及資料庫客戶端。這些函式庫在大多數應用程式中承擔了繁重的工作，往往這些函式庫的遙測資料足以涵蓋應用程式執行的大部分工作。

目前，大多數開源軟體函式庫並沒有原生支持 OpenTelemetry，也就是說，這些問題的這些函式庫的檢測工具必須分別安裝。OpenTelemetry 提供了許多流行開源軟體函式庫的檢測工具函式庫。

OpenTelemetry API

雖然函式庫的檢測工具非常有用，但你將不可避免地需要檢測應用程式程式碼和業務邏輯中的關鍵部分。要做到這一點，可以使用 OpenTelemetry API。你安裝的函式庫檢測工具也是用這個 API 開發的，因此應用程式檢測和函式庫檢測之間沒有多大區別。

事實上，OpenTelemetry API 有一個特別的功能：即使在應用程式中未安裝 OpenTelemetry，也可以安全地呼叫它。這意味著開源軟體函式庫可以包含 OpenTelemetry 檢測工具，使用 OpenTelemetry 時會自動啟用，而安裝在不使用 OpenTelemetry 的應用程式中時，這些檢測工具將作為零成本的空操作（no-op）運行。關於如何檢測開源軟體函式庫的更多內容，請參見第 6 章。

OpenTelemetry K

為了能夠實際處函式庫和應用程式程式碼發送的 OpenTelemetry API 呼叫，必須安裝 OpenTelemetry 客戶端，稱為 OpenTelemetry SDK。該 SDK 是一個擴充套件框架，由取樣演算法、生命週期鉤子和導出器組成，這些都可以藉由環境變數或 YAML 配置文件來配置。

> **檢測工具至關重要！**
>
> 當你考慮在應用程式中安裝 OpenTelemetry 時，很容易只想到安裝 SDK。然而，重要的是要記住，你還需要檢測所有重要的函式庫。作為安裝的一部分，務必審核你的應用程式，確認所需的函式庫檢測工具已可用並正確安裝。

在第 5 章中，我們將深入探討這些應用元件的內部結構，並指導你完成且成功安裝。目前，只需要知道有這些元件即可。

基礎設施遙測

應用程式運行在一個環境中。在雲端計算中,這個環境由應用程式運行的主機和用於管理應用程式實例的平台組成,以及雲端提供商運營的其他各種網路和資料庫服務。基礎設施的健康狀況非常重要,而大型分散式系統有很多基礎設施。來自這些服務的高質量遙測資料是至關重要的。

OpenTelemetry 正在逐步添加到 Kubernetes 和其他雲端服務中。但即使沒有OpenTelemetry,大多數基礎設施服務也會產生某種有用的遙測資料。只是 OpenTelemetry附帶了一些組件,可以用來蒐集這些現有資料,並將其添加到來自應用程式的遙測資料流水線中(更多資訊,請參見第 7 章)。

遙測流水線

從應用程式和基礎設施蒐集的遙測資料必須發送到可觀測性工具進行儲存和分析。這本身可能成為一個困難的問題。大型分散式系統在高負載下的遙測資料量可能很龐雜。因此,網路問題如出口^{譯註}、負載均衡和反壓^{譯註}可能變得很重要。

此外,大型系統往往是老系統。這意味著它們可能已經有一個拼湊而成的可觀測性工具集合,具有各種資料處理需求,並且通常需要大量處理遙測資料並分發到不同的位置。由此產生的網路拓撲可能非常複雜。

為了應對這一點,OpenTelemetry 有兩個主要組件:OpenTelemetry 協議(OTLP),在第 3 章中討論,以及蒐集器(Collector),將在第 8 章中詳細介紹。

OpenTelemetry 不包含的內容

OpenTelemetry 不包含的內容幾乎與其包含的內容同樣重要。長期儲存能力、分析能力、圖形使用者界面(GUI)和其他前端組件不包含在內,也永遠不會包含在內。

譯註　出口(Egress)指的是資料從私人網路到公共網際網路上或其他外部網路的資料傳輸。大量的遙測資料需要從私有網路傳輸至外部網路,如 AWS VPC 傳輸出口皆需要計費,這涉及到資料傳輸成本、頻寬限制和安全性等挑戰。管理好這些挑戰,能夠確保高效且安全地傳輸遙測資料,從而支持有效的儲存和分析。

譯註　反壓(Backpressure)是指在資料處理過程中,如果下游系統(如資料接收端)無法跟上上游系統(如資料發送端)的資料流速,則上游系統需要減慢資料發送速度,以防止資料丟失或系統過載。

為什麼？標準化。儘管可以提出一種穩定的、通用的語言來描述電腦系統的操作，但可觀測性的分析部分將永遠在演變。OpenTelemetry 的目標是與所有分析工具協作，並鼓勵人們在未來構建更多先進且新穎的工具。因此，OpenTelemetry 項目永遠不會擴展到包含某種形式的「官方」可觀測性後端系統，這是這種後端系統與世界上所有其他可觀測性系統的不同之處或特殊性。這種關注點的分離，將標準化的遙測資料輸入到不斷演變的分析工具環境中，足 OpenTelemetry 項目看待世界的基本方式^{譯註}。

動手實踐 OpenTelemetry 演示

到目前為止，我們對 OpenTelemetry 的討論一直比較理論化。要真正理解各個部分在實踐中如何協同工作，需要查看實際應用方式和一些實際程式碼。

首先，讓我們快速回顧一下你迄今為止學到的內容：

- OpenTelemetry 提供了 API、SDK 和一個工具生態系統，用於建立、蒐集、轉換和確保遙測資料的質量。

- OpenTelemetry 確保遙測資料具有可移植性和互操作性。

- 與傳統「三大支柱」模型不同，OpenTelemetry 將追蹤、指標、日誌和資源編織成一個單一的資料模型。這創造了高度相關且質量統一的規範化資料。

- OpenTelemetry 的語意約定確保來自不同套件的遙測資料一致且質量統一。

- OpenTelemetry 只處理遙測資料。它旨在將資料發送到各種儲存和分析工具，並支持建立更新、更先進的分析工具。

顯然，OpenTelemetry 涉及很多內容，並且有很多活動部件。本書的目標不僅僅是教你如何建立指標或啟動 Span，而是幫助你整體了解 OpenTelemetry。最好的方法是藉由實際應用方式來了解它。

為此目的，OpenTelemetry 項目維護了一個強大的演示應用程式。接下來的部分，我們將透過這個名為 Astronomy Shop（*https://oreil.ly/demo*）的演示應用來介紹實際例子。我們將涵蓋以下內容：

譯註　OpenTelemetry 不會提供一個後端系統來具備上述那些能力。如果 OpenTelemetry 提供了這樣一個後端，用戶可能會視它為「官方標準」或「最佳選擇」，這可能會抑制其他可觀測性工具和系統的創新和發展。OpenTelemetry 希望看到的是一個多樣化的生態系統，充滿了各種先進和創新的工具。因此，OpenTelemetry 的主要目標是提供一個標準化的遙測資料蒐集和傳輸框架。

- 安裝和運行演示應用程式

- 探索應用系統架構及其設計

- 使用 OpenTelemetry 資料來回答有關演示的問題

你可以僅透過閱讀本書來學習，但我們強烈建議你親自運行這個演示。這種動手實踐方法將解答很多問題。

運行演示

在這部分，你需要一台還算新的筆記本或桌上型電腦，理想情況下具有 16GB 或以上的 RAM。你還需要大約 20GB 的硬碟空間來存放所有的容器映像檔案。接下來的這些指令假設你已經安裝並配置了 Docker 和 Git。

保持最新

這些指令是為 OpenTelemetry Demo v1.6.0（*https://oreil.ly/demo1_6_0*）編寫的，時間為 2023 年末，使用的設備是 2022 款 MacBook Pro，配備 Apple Silicon M2 Max 和 32GB RAM。請查看 OpenTelemetry 演示文件說明（*https://oreil.ly/demo*），以獲取新版本演示的最新安裝指令或了解如何在 Kubernetes 上安裝。

安裝步驟：

1. 在網頁瀏覽器中瀏覽到演示的 GitHub 程式碼版本庫（*https://oreil.ly/ccrBX*），並將其複製到你的電腦。

2. 在命令行終端介面中，導航到剛複製的程式碼版本庫根目錄中，並運行 `make start`。

如果成功的話，幾分鐘後你應該會在命令行終端介面中看到以下輸出：

```
OpenTelemetry Demo is running.
Go to http://localhost:8080 for the demo UI.
Go to http://localhost:8080/jaeger/ui for the Jaeger UI.
Go to http://localhost:8080/grafana/ for the Grafana UI.
Go to http://localhost:8080/loadgen/ for the Load Generator UI.
Go to http://localhost:8080/feature/ for the Feature Flag UI.
```

在網頁瀏覽器中，導航到 `localhost:8080`，你應該會看到一個如圖 4-3 所示的網頁。

圖 4-3　OpenTelemetry 演示首頁

如果你看到了這個頁面，你已經準備好了！如果遇到困難，請檢查第 46 頁「保持最新」中的演示文件說明連結，以獲取更多資訊和故障排除的幫助。

架構和設計

Astronomy Shop 是一個基於微服務架構的電子商務應用系統，由 14 個獨立的服務組成，如圖 4-4 所示。

Astronomy Shop 的目的是讓開發人員、維運人員和其他使用者能夠探索一個「輕量級營運」項目的部署。為了建立一個具有有趣可觀測性示例的有用演示，包含了一些在「真實」營運環境的應用中不一定會看到的內容，例如模擬故障的程式碼。大多數現實世界的應用，即使是雲端原生的，在程式語言和運行時方面都比這個演示更為同質化的應用，而「真實」應用通常會處理更多的資料層和儲存引擎，而不僅僅是這個演示所展示的。

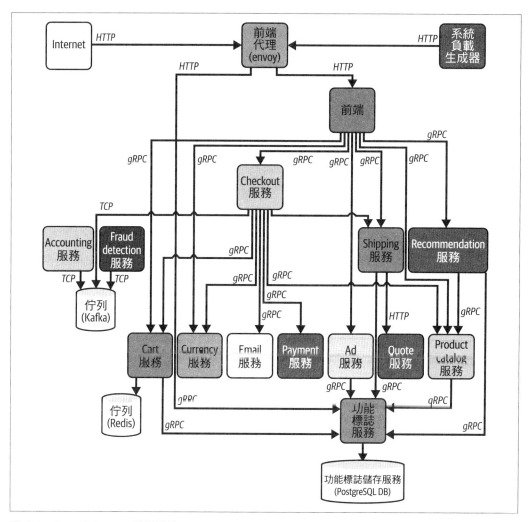

圖 4-4　OpenTelemetry 演示系統

我們可以將整體架構分為兩個基本部分：可觀測性關注點和應用程式關注點。應用程式關注點是處理業務邏輯和功能需求的服務，例如電子郵件服務（負責向客戶發送交易郵件）和貨幣服務（負責在應用中轉換所有支持的貨幣值）。

可觀測性關注點負責應用整體可觀測性的某些部分，透過蒐集和轉換遙測資料、儲存和查詢這些資料，或可視化這些查詢。這些關注點包括系統負載生成器、OpenTelemetry Collector、Grafana、Prometheus、Jaeger 和 OpenSearch。系統負載生成器也是一個可觀

測性關注點，因為它對演示應用程式施加一致的系統負載，以模擬「現實世界」環境可能的樣子。

雖然演示是用多種程式語言編寫的，但其服務之間使用標準框架以通訊，在本例中是 gRPC（或基於 HTTP 的 JSON Protobuffers）。這是有意為之的，原因有二。首先，許多組織，即使是沒有多語言環境的組織，也都會圍繞單一的 RPC 框架，如 gRPC 以標準化。其次，OpenTelemetry 支持 gRPC 並包括對其函式庫的有用檢測工具。這意味著，只需使用 OpenTelemetry 和 gRPC，就可以「免費」獲得大量遙測資料。

使用 OpenTelemetry 管理應用程式性能

為了看看 OpenTelemetry 的實際效果，讓我們建立一個有趣的問題等你發現。使用瀏覽器導航到 Feature Flag UI（http://localhost:8080/feature），點擊每個功能標誌旁邊的 Edit，勾選 Enabled 後保存更改來啟用 cartServiceFailure 和 adServiceFailure 功能標誌。你可能需要在啟用這些功能標誌前後讓演示運行幾分鐘，以查看啟用前後的性能變化。圖 4-5 顯示了完成此操作後在 Feature Flag UI 中應該會看到的畫面。

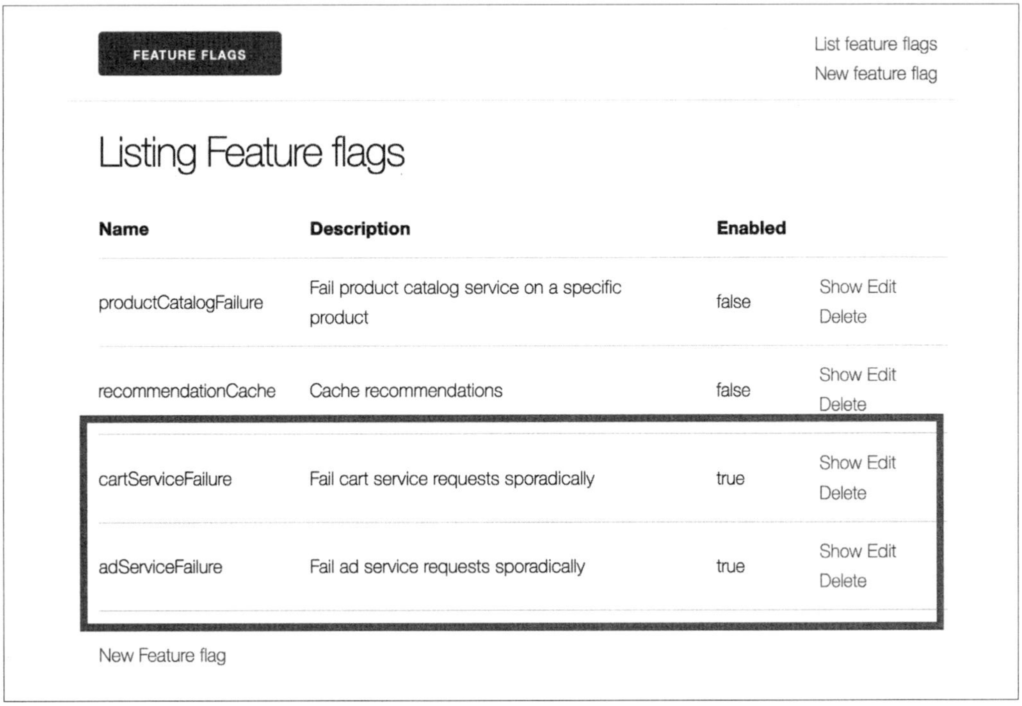

FEATURE FLAGS

List feature flags
New feature flag

Listing Feature flags

Name	Description	Enabled		
productCatalogFailure	Fail product catalog service on a specific product	false	Show Edit	Delete
recommendationCache	Cache recommendations	false	Show Edit	Delete
cartServiceFailure	Fail cart service requests sporadically	true	Show Edit	Delete
adServiceFailure	Fail ad service requests sporadically	true	Show Edit	Delete

New Feature flag

圖 4-5　在 Feature Flag UI 中啟用選定的功能標誌

等待幾分鐘後，你可以開始探索資料。Grafana（`http://localhost:8080/grafana/`）提供了幾個預構建的儀表板，其中一個更有趣的是 Spanmetrics Demo Dashboard。這個儀表板為你提供了一個「APM 風格」的服務視圖，顯示每個應用服務路徑的延遲、錯誤率和吞吐量。有趣的是，這個儀表板不是從指標遙測資料生成的，而是從追蹤遙測資料生成的，使用了 OpenTelemetry Collector 的 `spanmetrics` 連接器。如果你將這個儀表板過濾到 Ad Service 和 Cart Service（圖 4-6），你會注意到它們的錯誤率略有升高，但你也會看到錯誤率的具體位置。

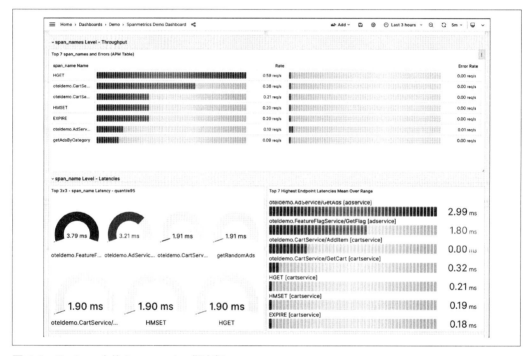

圖 4-6　Grafana 中的 Spanmetrics 儀表板

在圖 4-6 右下角的圖表中，你可以看到顯示更高錯誤率的 span 名稱是 `oteldemo.AdService/GetAds`。這是一個調查的有用起點。

你通常會如何找出導致此問題的原因？許多人會查找日誌。但由於 OpenTelemetry 提供了豐富且彼此相關的上下文追蹤內容，你可以利用你已有的兩條資料，錯誤的存在和位置，來搜索匹配的追蹤遙測資料。

在 Grafana 中，可以透過選單中的 Explore 項來探索追蹤遙測資料。進入後，從頂部附近的下拉選單中選擇 Jaeger（預設應該顯示 Prometheus），然後切換到 Search 查詢。輸入你知道的資訊，如圖 4-7 所示，然後點擊 Run Query。你會看到所有包含該特定路徑錯誤的請求。檢查這些追蹤顯示，一小部分請求處理失敗並出現 gRPC 錯誤。你可以利用這些資訊進一步調查，與主機或容器上的記憶體或 CPU 利用率比較。

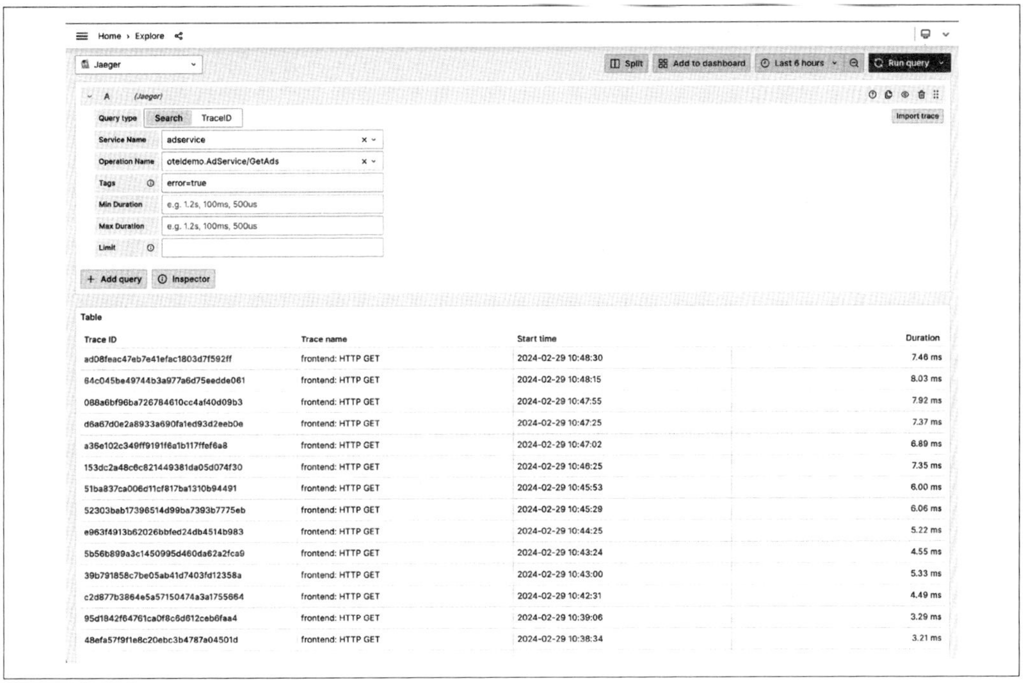

圖 4-7　在 Grafana 中探索 Jaeger 追蹤遙測資料

雖然這個隨機錯誤可能並不太有趣，但有趣的是，獲得此結果所需的檢測能力是免費的，可以這麼說。這是一個自動檢測工具（或零程式碼檢測工具）的例子，其中代理或函式庫會添加檢測工具程式碼，而無需編寫任何程式碼來啟用它。如果你查看 Ad Service 的 Dockerfile，你會看到它在構建過程中下載了一個代理，將其複製到容器中，並與服務一起運行。這意味著在啟動時，必要的檢測工具會自動添加，無需開發人員做任何工作。

類似的模式存在於 Cart 服務中，同樣地，你不需要編寫所需的檢測工具程式碼來發現它。在 .NET 中，OpenTelemetry 整合到了運行時中，你所需要做的只是啟用它。自己看看吧：在編輯器中打開 */src/cartservice/src/Program.cs* 並查看第 52 行。我們在以下程式碼中添加了一些註釋來幫助你理解發生的事：

```
builder.Services.AddOpenTelemetry() ❶
    .ConfigureResource(appResourceBuilder)
    .WithTracing(tracerBuilder => tracerBuilder
        .AddRedisInstrumentation(
            options => options.SetVerboseDatabaseStatements = true)
        .AddAspNetCoreInstrumentation()
        .AddGrpcClientInstrumentation() ❷
        .AddHttpClientInstrumentation()
        .AddOtlpExporter()) ❸
    .WithMetrics(meterBuilder => meterBuilder ❹
        .AddProcessInstrumentation()
        .AddRuntimeInstrumentation()
        .AddAspNetCoreInstrumentation()
```

❶ 這會將 OpenTelemetry 函式庫添加到 .NET 應用程式中存在的依賴注入容器。

❷ 這啟用了 gRPC 客戶端的內建檢測工具。

❸ 這裡啟用了 OTLP 導出器，將遙測資料發送到 OpenTelemetry 蒐集器中。

❹ 獲取指標遙測資料，如記憶體和垃圾蒐集的處理程式指標、HTTP 伺服器指標等。

在這兩種情況下，OpenTelemetry 在框架層級提供了有價值的遙測資料，而你所需付出的努力非常少。第 5 章會更詳細地介紹這種自動檢測工具在其他語言中的可用性，且這不僅僅適用於 .NET 和 Java！

大海撈針

框架的檢測工具可以提供很多幫助，如上一節的說明。然而，添加更多的檢測工具，可以獲得更多的遙測資料。第 5 章和第 6 章會詳細討論這一點，但讓我們先來看看這兩者的區別。圖 4-8 展示了單獨使用框架檢測工具和結合使用框架檢測工具與自定義檢測工具，在兩個服務之間的請求處理中的區別。

圖 4-8　兩個相同請求處理的追蹤瀑布圖。第一個追蹤圖（上方）僅展示了客戶端的 span；第二個追蹤圖包括了客戶端、服務端和自定義的 span。

讓我們來調查一個只能透過自定義檢測工具發現的問題。如果你回到 Feature Flag UI（http://localhost:8080/feature）並啟用 productCatalogFailure，你將會給演示引入一個新問題。幾分鐘後，你會注意到幾個服務的錯誤率開始上升，尤其是前端（圖 4-9）。

這代表分散式應用程式中極為常見的一個故障模式：出問題的部分並不一定是故障的來源。如果這是一個真實的應用程式，你的前端團隊可能會因為較高的錯誤率而收到通知。你的第一步可能是對前端進行基本的健康檢查，這可以藉由演示中的 httpcheck. status 指標來實現。然而，在 Grafana 中查詢該指標顯示一切正常（圖 4-10）。

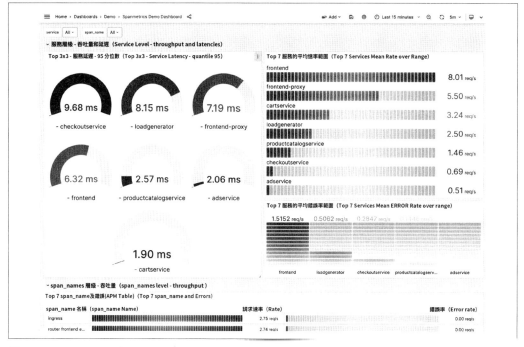

圖 4-9　Spanmetrics 儀表板顯示在產品目錄服務故障期間的錯誤率

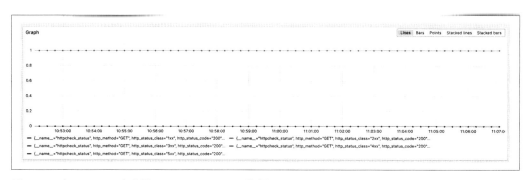

圖 4-10　在 Grafana 中查詢 `httpcheck.status` 指標

這告訴你網頁伺服器沒有問題。也許是前端服務出了問題？如果你只有指標和日誌來使用，你需要開始搜尋日誌記錄，試圖找出錯誤。但由於有 span 指標，你可以透過路由查找錯誤（圖 4-11）。藉由篩選前端 span 並限制為錯誤，可以累計前端在所有後端調用中發生的錯誤。

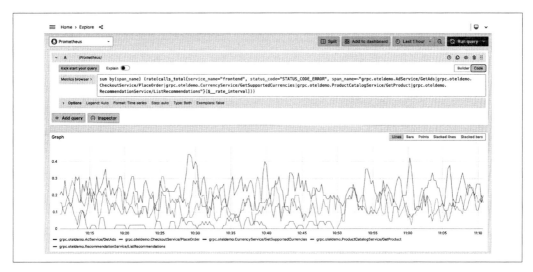

圖 4-11　按照路由來過濾 span 指標以查找錯誤

有趣的是，錯誤的峰值來自產品目錄服務！如果你是前端開發人員，可以鬆一口氣；這可能不是你的錯。

下一步故障排除應該是調查這些特定的錯誤。與之前一樣，可以在 Grafana 或 Jaeger 中直接搜尋匹配失敗的 span。

如果你探索所有呼叫 oteldemo.ProductCatalogService/GetProduct 的追蹤，可能會注意到這些錯誤都有一些共同點：它們只在 app.product.id 屬性為特定值時發生。在僅使用 Jaeger 和 Grafana 的情況下，發現這一事實可能有些困難；你必須手動比較多個追蹤，或者使用單一追蹤比較。更先進的分析工具，無論是開源的還是商業的，都支持 span 的聚合分析和關聯檢測。使用這些工具，可以更容易地看到導致錯誤的特定值，從而減少識別和修復問題所需的時間。

現在，自動檢測工具無法了解對你的服務至關重要的領域或業務特定邏輯和後設資料，需要透過擴展檢測工具自行添加這些內容。在這種情況下，產品目錄使用 gRPC 檢測工具。你需要將有用的補助上下文附加到它產生的 span 上，比如請求的特定產品 ID。你可以在原始程式碼的第 198 到 202 行（/src/productcatalogservice/main.go）中看到這個屬性的設置方式：

```
func (p *productCatalog) GetProduct(ctx context.Context, req *pb.GetProductRequest)
        (*pb.Product, error) { ❺
    span := trace.SpanFromContext(ctx) ❻
    span.SetAttributes(
            attribute.String("app.product.id", req.Id), ❼
    )
```

❺ 在 Go 中，OpenTelemetry 上下文是透過 Context 來傳遞的。

❻ 要修改現有的 span 或開始一個新的 span，你需要從 Context 中獲取當前的 span。

❼ 由於 OpenTelemetry 是語意化的，你需要強類型化屬性及其值。

這個演示還有更多內容，包括請求資料庫、透過 Kafka 的非同步任務和基礎設施監控。建議你閱讀自己最熟悉的語言編寫服務，以了解如何在實踐中使用 OpenTelemetry 並探索其發出的遙測資料。在撰寫本文時，演示中對所有 OpenTelemetry 功能的支持還不完全。追蹤在所有地方都運行良好，指標在大約一半的服務中運行。現在只有少數服務提供日誌支持，但在你閱讀本文時，這些支持應該會更加普遍。

演示中的可觀測性流水線

在這個演示中需要注意的最後一點是它如何蒐集遙測資料。可以的話，演示曾偏好將資料從應用程式推送到 OpenTelemetry Collector 的實例。篩選、批量處理和建立指標視圖等操作都在 Collector 中完成，而不是在應用程式本身。

這樣做有兩個原因。首先，盡快將遙測資料從服務中取出是一個好主意。產生遙測資料並不是免費的；它有一定的開銷。你處理越多應用層面，建立的開銷就越大。這在運行良好時可能沒問題，但意外的負載模式，例如在事件期間發生，可能就會對服務的性能產生意想不到的影響。如果你的應用程式在導出（或抓取）資料之前崩潰了，就會失去這些資訊。話雖如此，產生太多的遙測資料也有可能使本地網路連接不堪重負，並在系統的不同層次造成性能問題。這裡沒有絕對的規則，每個人的情況都不同。最好的選擇是確保高層次監控 OpenTelemetry 基礎設施；可以在演示中包含的 Collector 儀表板中看到這一點的例子。第 8 章對可觀測性流水線有更全面的討論。

新的可觀測性模型

現在你已經看過使用 OpenTelemetry 的應用程式，來回顧一下到目前為止所討論的所有內容要如何整合在一起。本書的其餘部分將更專注於具體細節。你可以把這一部分看作是「初步階段的結尾」。

我們在第 1 章討論了「可觀測性的三大瀏覽器標籤」，但這個概念值得更詳細地重溫。人們使用可觀測性工具主要是出於必要性。雖然談論資料建模策略或將系統映射到遙測訊號上很有趣，但這些通常對你的日常工作並沒有太大的影響。如果你有這樣的認知，就不難理解為什麼大多數工具是垂直整合的。之所以整合它們，是因為這樣做對於構建它們的人來說是最具成本效益的一套權衡。

讓我們以指標為例。如果你正在構建一個指標分析和儲存工具，你可能希望在系統中創造一些效率，特別是針對那些經常出現的事物。你可以透過分群、重新聚合和壓縮策略來實現這一點。然而，要做到這一點，需要你控制檢測工具和蒐集流水線。你需要確保在正確資料上添加了正確的屬性。這樣做還能產生其他效率：例如，你可以藉由將屬性生成移到外部處理程式、使用無狀態傳輸格式等方式，來減少生成指標的過程開銷。

一旦你處理的是無法控制的資料流水線，很多策略就無法實現了。這就是為什麼 OpenTelemetry 在可觀測性領域如此重要：它打破了這一基本模型，結果是一種新的可觀測性工具模型應運而生，為重大創新開啟了大門。

在圖 4-12 中所描繪的模型中，「新」方法是建立在藉由 OpenTelemetry 實現統一、通用的檢測工具基礎之上的。它結合了來自所有來源的遙測資料，包括新開發的程式碼、遺留程式碼、現有的檢測資料，以及來自核心紀錄系統和其他重要來源的業務資料。這些資料接著藉由 OTLP 發送到（至少）一個遙測資料儲存庫。

OpenTelemetry 充當遙測資料的通用渠道，使你能夠根據多種因素，例如資料對業務的價值，或你希望啟用的用例，來處理和發送遙測資料流。它是構建未來應用的關鍵元件。

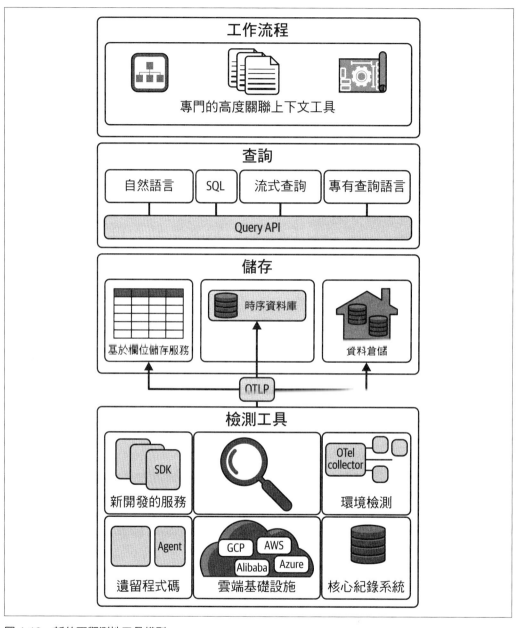

圖 4-12　新的可觀測性工具模型

未來的可觀測性平台將提供如通用查詢 API 這樣的功能，讓你能夠無縫地從各種資料儲存中獲取遙測資料。你不再需要限制於單一的查詢語言，可以使用自然語言，在 AI 工具的協助下，輕鬆找到你需要的資訊。由於 OpenTelemetry 提供的遙測資料可攜性，你將不再受限於大型的綜合平台，而是可以從廣泛的特定分析工具中選擇，這些工具專為解決特定問題而設計。

OpenTelemetry 本身不會解決這些問題，但它是解決方案的重要組成部分。在某些方面，OpenTelemetry 比當前的工具更適合這個充滿高度相關上下文資料，和能夠理解這些遙測資料工具的未來。

你可能已經在上一節中感受到「舊」方法和「新」方法之間的差異。儘管我們談了很多關於指標和日誌的內容，之後還會繼續談，許多演示工作流程是圍繞追蹤所構建的。部分原因是現有的工具如 Prometheus 和 Jaeger，不支持 OpenTelemetry 提供的那種高基數、高度相關上下文的工作流程。所有的 OpenTelemetry 元件都是設計為一起工作的，可以擴展你的現有遙測資料而不需要重新遙測。然而，要真正獲得最大的價值，你的工具還需要支持高基數資料的概念、跨固定上下文和補助上下文的關聯，以及統一的遙測資料。

截至撰寫本書時，在這個方向上有一些令人鼓舞的進展跡象。在過去的幾年裡，許多新的可觀測性工具相繼推出，其中許多工具完全依賴 OpenTelemetry 檢測。這些基於開源欄位儲存的新工具非常適合 OpenTelemetry 提供的那種高度相關上下文的遙測資料。大型組織也在採用 OpenTelemetry，包括微軟和亞馬遜網路服務，這兩家公司最近都宣布了對 OpenTelemetry 的一流支持，微軟將其作為 Azure Monitor 的一部分，亞馬遜則將其作為 EKS 應用的 OpenTelemetry 驅動的 APM 方案。非商業工具也在加強對 OpenTelemetry 的支持，像 OpenSearch 和 ClickHouse 等項目在儲存 OpenTelemetry 遙測資料方面越來越受歡迎。

總結

了解 OpenTelemetry 的基本建置模組並看到它們在實際應用中的結合，是踏入實用 OpenTelemetry 的第一步。現在你已經有了初步的了解，是時候深入細節了。

本書的其餘部分將專注於 OpenTelemetry 如何運作的具體細節，以及你需要知道的如何成功地對應用程式、函式庫和基礎設施檢測以實現可觀測性。我們還會基於現有用戶的案例研究，提供關於如何設計遙測流水線，以及如何在組織中推動可觀測性的實用建議。在每次深入探討之後，我們都會附上一個檢查清單，幫助你確保 OpenTelemetry 的推行能夠取得成功。

第五章

應用程式的檢測

寫一個錯誤的程式比理解一個正確的程式要容易。

—Alan J. Perlis[1]

將 OpenTelemetry 添加到所有應用程式服務中是開始這項工作的重要部分,這無疑也是最複雜的部分。設置 OpenTelemetry 的過程有兩個步驟:安裝軟體開發工具包(SDK)和安裝檢測工具。SDK 是負責處理和匯出遙測資料的 OpenTelemetry 客戶端。檢測工具是使用 OpenTelemetry API 編寫的程式碼,用於產生遙測資料。

檢測應用程式可能會很困難且耗時。雖然某些語言可以自動化這個過程,但實際了解這些元件上,以及它們如何相互關聯會非常有幫助。有時候安裝會出現問題,而除錯一個你不熟悉的系統將非常困難!

本書不提供詳細的設置說明或程式碼片段,那是說明文件(*https://oreil.ly/docs*)的用途,我們不希望提供在你閱讀時可能已經過時的說明。相反地,在本章中,我們將提供整個安裝過程的總體概述、相關元件的描述以及我們認為的最佳實踐建議。在開始之前閱讀這些內容,這樣你會更能理解要達成的目標,並知道在說明文件中應該查找什麼。

也有可能過度檢測應用程式,或者在移動到下一個服務之前花費太多時間檢測某一個服務。查看第 75 頁的「多少才算太多?」的建議,以了解何時應該停止。

---

1 Alan J. Perlis, "Epigrams on Programming," SIGPLAN Notices 17, no. 9 (September 1982): 7–13.

在本章的結尾，你會找到一個完整的設置檢查清單。在部署 OpenTelemetry 之前查看檢查清單是一個非常有幫助的方法，可以確保所有工作都正常進行。即使你已經知道如何安裝 OpenTelemetry，我們還是建議你與團隊分享這個檢查清單，並在每次檢測應用程式時使用它。

代理工具和自動化設置

在所有程式語言中，你需要安裝兩個部分：處理和匯出遙測資料的 SDK，以及與應用程式使用的框架、資料庫客戶端和其他常見元件相匹配的所有檢測工具函式庫。這需要安裝和設置許多元件。理想情況下，我們希望能自動化完成這些工作。

但是，談到自動化時，每種程式語言都是不同的。有些程式語言提供完全自動化，不需要編寫任何程式碼。其他程式語言則完全不提供自動化。雖然我們不想詳細說明（再次提醒，請閱讀說明文件！）但我們認為在你開始之前，了解可用的自動化類型是有幫助的。

以下語言提供了額外的自動檢測工具。當你第一次安裝 OpenTelemetry 時，我們建議你閱讀這些工具的說明文件並學習如何使用它們；

Java

OpenTelemetry Java 代理工具（*https://oreil.ly/KyB6Y*）可以透過標準的 -javaagent 命令行參數自動安裝 SDK 和所有可用的檢測工具。

.NET

OpenTelemetry .NET 代理工具（*https://oreil.ly/KyB6Y*）會自動安裝 SDK 和可用的檢測工具軟體套件，並與 .NET 應用程式一同運行。

Node.js

@opentelemetry/auto-instrumentations-node 軟體套件（*https://oreil.ly/wZff2*）可以透過 node --require 標誌自動安裝 SDK 和所有可用的檢測工具。

PHP

對於 PHP 8.0 及以上版本，OpenTelemetry 可以透過 OpenTelemetry PHP 擴展功能（*https://oreil.ly/icFTC*）自動安裝 SDK 和所有可用的檢測工具。

Python

> opentelemetry-instrumentation 軟 體 套 件（*https://oreil.ly/MncRd*） 可 以 透 過
> opentelemetry-instrument 命令自動安裝 SDK 和所有可用的檢測工具。

Ruby

> opentelemetry-instrumentation-all 軟體套件（*https://oreil.ly/XedtM*）可以自動安裝所
> 有可用的檢測工具，但你仍然需要設置和配置 OpenTelemetry SDK。

Go

> OpenTelemetry Go 檢測工具軟體套件（*https://oreil.ly/wlW_0*）使用 eBPF 來檢測流
> 行的 Go 函式庫。未來的工作將使其能夠擴展手動檢測工具並為你設置 SDK。

安裝 SDK

在某些程式語言中，例如 Rust 和 Erlang，自動化檢測工具並不存在。你需要像安裝任
何其他函式庫一樣安裝和設置 OpenTelemetry SDK。即使在可以使用自動檢測的程式語
言中，你也可能希望手動設置以便獲得更多控制權。自動檢測工具有時會帶來額外的開
銷，你最終可能希望進行超出自動化所允許範圍的客製化安裝。

要如何安裝 SDK 呢？你需要構建和配置一組提供者，並將它們註冊到 OpenTelemetry
API。接下來將描述這個過程。

註冊提供者

如果你進行了一個 OpenTelemetry API 呼叫，會發生什麼事？預設情況下，什麼事都不
會發生。這個 API 呼叫是無操作（no-op）的，這意味著可以安全地呼叫該 API，但不
會有任何反應，也不會有任何開銷。

要讓事情發生，你需要將提供者（Provider）註冊到 API。提供者是 OpenTelemetry 檢測
API 的具體實現。這些提供者處理所有的 API 呼叫。TracerProvider 建立追蹤和 Span。
MeterProvider 建 立 計 量（Meter） 和 測 量 工 具（Instrument）。LoggerProvider 建 立
loggers。隨著 OpenTelemetry 的應用範疇擴大，未來可能會添加更多的提供者。

你應該盡早在應用程式啟動週期中註冊提供者。任何在註冊提供者之前進行的 API 調用
將是無操作的，且任何操作都不會記錄下來。

為什麼需要提供者？

這個提供者的概念看起來很複雜。為什麼 OpenTelemetry 要這樣分離呢？主要有兩個原因。

第一個原因是，分離的提供者允許你有選擇地只安裝你計畫使用的 OpenTelemetry 部分。例如，假設你已經有一個針對應用程式的指標和日誌解決方案，你只想使用 OpenTelemetry 來添加追蹤功能。這樣，你可以輕鬆地做到而不用額外安裝一個指標和日誌系統：只需單獨安裝 OpenTelemetry 追蹤提供者。指標和日誌的檢測將保持為無操作狀態。

第二個主要原因是低耦合。註冊提供者允許 API 完全與實現分離。API 僅包含介面和常數。它們幾乎沒有相依性，非常輕量。這意味著使用 OpenTelemetry API 的函式庫不會自動引入一個龐大的相依鏈。這對於避免在許多應用程式中運行的共享函式庫中的相依性衝突非常有幫助。

還有一個原因是靈活性。如果你想使用 OpenTelemetry 檢測工具但不喜歡我們的具體實現方式，你不必使用它。你可以編寫自己的具體實現方式並將其註冊到 API，而不是使用 SDK。（參見本章第 71 頁的「自定義提供者」）。

提供者

當我們談到 SDK 時，我們指的是一組提供者的具體實現。每個提供者都是一個可以透過各種類型的擴展功能以擴展和配置的框架，如以下各節所述。

追蹤提供者

追蹤提供者（*TracerProvider*）實現了 OpenTelemetry 的追蹤 API。它由取樣器（Sampler）、Span 處理器（SpanProcessor）和匯出器（Exporter）組成。

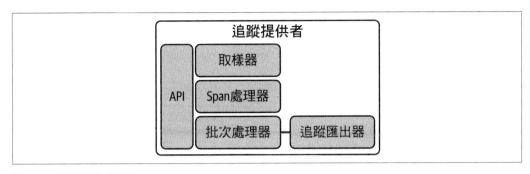

圖 5-1 追蹤提供者框架

取樣器

取樣器決定要記錄還是丟棄 Span。有多種取樣算法可用，選擇使用哪種取樣器以及如何配置，是設置追蹤系統中最令人困惑的部分之一。

丟棄或是記錄？

稱一個 Span 為「已取樣」，可能代表「取樣排除」，也就是丟棄；或「取樣納入」，也就是記錄下來，所以最好具體說明。

在不了解如何計畫使用遙測資料的情況下，選擇取樣器很困難。取樣意味著可以丟失資料，但哪些資料是可以丟失的？如果你只是想測量平均延遲，一個隨機取樣器記錄 1,024 條追蹤中的一條就可以了，這樣可以節省不少成本。但是，如果你想調查邊界情況和異常值，如極端延遲、罕見但危險的錯誤，使用隨機取樣器將會丟失過多資料，可能會錯過記錄這些事件。

這意味著，你選擇的取樣器將非常依賴於你將遙測資料發送到的追蹤分析工具的功能。如果你以與分析工具不兼容的方式取樣，你會得到誤導資料和無法正常運作的功能。我們強烈建議你諮詢所使用的追蹤產品或開源軟體產品的供應商，了解關於取樣的建議。

如果有疑問，就根本不要取樣。最好一開始不進行任何取樣，然後根據你想要減少的具體成本或開銷再來取樣。在了解想要減少的成本和追蹤產品兼容的取樣類型之前，不要盲目添加取樣器。（有關取樣的更完整討論，請參見第 116 頁的「過濾和取樣」）。

Span 處理器

Span 處理器允許你蒐集和修改 Span。它們會在 Span 開始和結束時各攔截一次。

預設的處理器稱為批次處理器（*BatchProcessor*）。這個處理器緩衝 Span 資料並管理接下來小節中描述的匯出擴展功能。一般來說，你應該將 BatchProcessor 安裝為處理流水線中的最後一個 Span 處理器。批次處理器有以下配置選項：

exporter

> 將 Span 推送到的匯出器

maxQueueSize

> 緩衝區中保存的 Span 的最大數量。超過此數量的 Span 將被丟棄。預設值為 2,048 個。

scheduledDelayMillis

> 兩次連續匯出之間的時間間隔（以毫秒為單位）。預設值為 5,000 毫秒。

exportTimeoutMillis

> 匯出運行的最長時間（以毫秒為單位），超過此時間將被取消。預設值為 30,000 毫秒。

maxExportBatchSize

> 每次導出的 Span 的最大數量。如果隊列達到 maxExportBatchSize，即使 scheduledDelayMillis 尚未過期，也會導出一批。預設值為 512 個。

大多數預設值都可以，但如果將遙測資料導出到本地蒐集器，我們建議將 scheduledDelayMillis 設置為更小的數值。這確保如果應用程式突然崩潰，你只會丟失最少量的遙測資料。預設值（5 秒）在開發過程中也會讓事情變慢並引起混亂，因為每次你想測試所做的更改時都必須等待 5 秒。

隨著時間的推移，你可能會發現編寫額外的 SpanProcessor 來修改 span 屬性或將 span 與其他系統整合是有用的。然而，大多數可以在 SpanProcessor 中完成的處理也可以在後來的蒐集器中完成。這更可取；最好在應用程式中盡量少做處理。然後，你可以使用本地蒐集器來進行進一步的緩衝、處理和匯出。運行本地蒐集器來捕獲機器指標和額外資源（見第 8 章）也是很有幫助的，所以這種設置極為常見。

匯出器

如何將這些 Span 從處理程式中匯出並轉換成可讀的遙測資料？使用匯出器！這些擴充功能定義了遙測資料的格式和目的地。

預設是使用 OpenTelemetry Protocol（OTLP）匯出器，我們推薦使用這個匯出器。唯一不應該使用 OTLP 的情況是，當你不運行蒐集器，並將遙測資料直接發送到不支援 OTLP 的分析工具時。在這種情況下，請查閱分析工具的說明文件以了解哪種匯出器兼容。

以下是你應該了解的 OTLP 配置選項：

protocol

OTLP 支持三種傳輸協議：gRPC、http/protobuf 和 http/json。我們推薦使用 http/protobuf，而這也是預設選項。

endpoint

匯出器將發送 Span 或指標的 URL。預設值是 http://localhost:4318 用於 HTTP，http://localhost:4317 用於 gRPC。

headers

添加到每個匯出請求的額外 HTTP 標頭。一些分析工具可能需要帳戶或安全令牌標頭來正確路由遙測資料。

compression

用於開啟 GZip 壓縮。若有較大的批次資料，這是推薦的作法。

timeout

OTLP 匯出器為每次批次匯出等待的最長時間。預設為 10 秒。

certificate file、*client key file* 和 *client certificate file*

當需要安全連接時,用於驗證伺服器的 TLS 憑證。

指標提供者

指標提供者(MeterProvider)實現了 OpenTelemetry 的指標 API。它由視圖(View)、指標讀取器(MetricReaders)、指標產生器(MetricProducers)和指標匯出器(MetricExporters)組成。

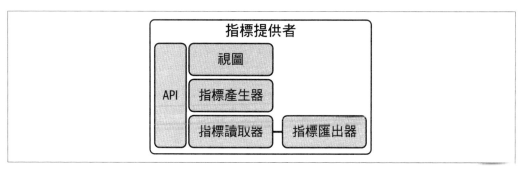

圖 5-2 指標提供者框架

指標讀取器

指標讀取器(*MetricReader*)相當於指標的 Span 處理器,它們蒐集和緩衝指標資料,直到可以匯出。預設的 MetricReader 是 `PeriodicExportingMetricReader`。這個讀取器蒐集指標資料,然後將其批次推送到匯出器。在匯出 OTLP 時使用它。定期讀取器有兩個配置選項需要注意:

`exportIntervalMillis`

兩次連續匯出之間的時間間隔(以毫秒為單位)。預設值為 60,000 毫秒。

`exportTimeoutMillis`

匯出運行的最長時間,超過此時間將被取消。預設值為 30,000 毫秒。

指標產生器

現有的應用程式通常已經具有某種指標檢測工具^{譯註}。你需要指標產生器將某些類型的第三方檢測工具連接到 OpenTelemetry SDK，這樣就可以開始將現有的檢測工具與新的 OpenTelemetry 檢測工具混合使用。例如，Prometheus 檢測可能需要一個指標產生器。

每個指標產生器都會註冊到指標讀取器。如果你有現成的指標檢測工具，請查看說明文件以了解需要哪種指標產生器將其連接到 OpenTelemetry SDK。

指標匯出器

指標匯出器將指標資料批次發送到網路上。與追蹤資料一樣，我們建議使用 OTLP 匯出器將遙測資料發送到蒐集器。

如果你是 Prometheus 用戶且未使用蒐集器，應該使用 Prometheus 的基於拉取的蒐集系統，而不是 OTLP 使用的基於推送的系統。安裝 Prometheus 匯出器將會設置這個系統。

如果你首先將遙測資料發送到 Collector，就在你的應用程式中使用 OTLP 導出器，並在蒐集器中安裝 Prometheus 匯出器。我們推薦這種配置方法。

視圖

視圖（Views）是一個強大的工具，用於自定義 SDK 輸出的指標。你可以選擇忽略哪些測量工具，測量工具如何聚合資料，以及報告哪些屬性。

在剛開始時，沒有必要配置視圖；你可能永遠不需要觸及它們。之後，當你微調指標並希望降低開銷時，可能會考慮建立你的第一個視圖。你也不一定要在 SDK 層面建立視圖，也可以使用 OpenTelemetry 蒐集器來建立它們。

譯註　檢測工具（Instrumentation，*https://opentelemetry.io/docs/concepts/instrumentation/*）與測量工具（Instrument，*https://opentelemetry.io/docs/specs/otel/metrics/api/#instrument*）是兩個相關但不同用途的概念。檢測工具是指在應用程式中嵌入，用以產生遙測資料，如追蹤、指標和日誌等。測量工具是指在應用程式中實際執行指標蒐集的具體測量工具，用來測量特定的指標，如計數器（Counter）、量規（Gauge）或直方圖（Histogram）等。每個測量工具都有一個明確的用途，並產生特定類型的指標資料。

日誌提供者

日誌提供者（LoggerProvider）實現了 OpenTelemetry 的日誌 API。它由日誌記錄處理器（LogRecordProcessors）和日誌記錄匯出器（LogRecordExporters）組成。圖 5-3 顯示了這些組件之間的關係。

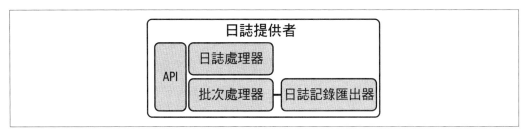

圖 5-3　日誌提供者框架

日誌記錄處理器

日誌記錄處理器的工作方式與 Span 處理器相同。預設的處理器是一個批次處理器，可以用它來註冊匯出器。與 Span 批次處理器一樣，我們建議在將遙測資料發送到本地蒐集器時，降低 scheduledDelayMillis 配置參數。

日誌記錄匯出器

日誌記錄匯出器以多種常見格式發出日誌資料。與其他訊號一樣，我們建議使用 OTLP 匯出器。

關閉提供者

當關閉應用程式時，關鍵在於在應用程式終止前刷新任何剩餘的遙測資料。刷新（Flush）是指在阻止關閉的同時，立即匯出 SDK 中已緩衝的所有剩餘遙測資料。如果你的應用程式在刷新 SDK 之前終止，可能會丟失關鍵的可觀測性資料。

要執行最後的刷新，每個 SDK 提供者都包含一個 Shutdown 方法。請確保將此方法整合到應用程式的關閉過程中，作為最後步驟之一。

自動關閉

如果你是透過代理使用自動檢測工具，當處理程式退出時，代理會自動調用 Shutdown，因此不需要做任何額外的操作。

自定義提供者

我們所描述的 SDK，OpenTelemetry 項目推薦與 OpenTelemetry API 一起使用。這些框架提供了靈活性和效率之間的平衡，在大多數情況下都運行得很好。

然而，對於某些邊緣情況來說，SDK 架構可能不合適。在這些罕見的情況下，可以建立自己的具體替代實現。允許具體替代實現是 OpenTelemetry API 與 SDK 分離的原因之一。

例如，OpenTelemetry C++ SDK 是多執行緒的。Envoy 是一個流行的代理服務，使用 OpenTelemetry API 檢測，但它要求其所有組件都是單執行緒的。讓 SDK 可選擇性地單執行緒不切實際，這將意味著完全不同的架構。所以在這種情況下，可以使用 C++ 編寫單獨的單執行緒，好與 Envoy 一起工作。

你需要構建自定義具體實現的可能性非常小。我們列出這個選項是為了完整性，並幫助澄清為什麼 OpenTelemetry 在檢測介面和其具體實現之間保持嚴格的關注點分離。

配置最佳實踐

可以透過三種方式配置 SDK：

- 在程式碼中建構匯出器、取樣器和處理器時
- 使用環境變數
- 使用 YAML 配置文件

配置 OpenTelemetry SDK 或自動檢測工具最廣泛支持的方法是藉由環境變數。這比在應用程式中寫死配置選項更好，因為它允許維運人員在部署時設置這些值。這是一個關鍵功能，因為正確的 OpenTelemetry 配置選項在開發、測試和營運環境之間可能會有很大的不同。例如，在開發中，你可能會將遙測發送到本地蒐集器以驗證安裝。在測試環境中，你可能會將遙測資料直接發送到一個小規模的分析工具，該工具設計用來測試負載和警報性能回退。然後，在營運環境中，你可能會將遙測資料發送到特定於該應用程式實例部署網路的負載平衡器。

此外，在營運環境中，遙測流水線可能會生成大量遙測資料，因此需要一個能夠處理高吞吐量的設置。你可能需要調整多個參數以避免遙測流水線超負荷。發送比系統實際能處理更多的資料稱為反壓（Backpressure），這會導致遙測資料丟失。

最近，OpenTelemetry 項目定義了一個適用於所有程式語言的配置文件。這是新的推薦配置方法。配置文件具有環境變數的所有優點，但更容易檢查和驗證。它也很容易建立配置文件模板供開發人員和維運人員遵循。

相同的配置文件格式適用於所有 OpenTelemetry 具體實現。如果需要，你仍然可以使用環境變數來覆蓋配置文件中列出的任何設置。截至撰寫本書時，對這種新配置文件的支持情況還參差不齊，但我們預計這種支持會逐步增加。

遠程配置

在撰寫本書時，OpenTelemetry 正在開發 Open Agent Management Protocol（OpAMP），這是一個用於蒐集器和 SDK 的遠程配置協議。OpAMP 將允許蒐集器和 SDK 打開一個端口，透過這個端口，它們可以傳輸當前狀態並接收配置更新。使用 OpAMP，一個控制層可以管理整個 OpenTelemetry 部署，而無需重新啟動或重新部署。

一些配置選項，例如取樣，極為依賴於所生成的遙測資料以及如何使用這些資料。使用 OpAMP，一個分析工具可以動態地控制這些設置，在遙測流水線的早期就丟棄任何未使用的遙測資料。這可以在大規模部署中節省大量成本，因為你可以精確調整所蒐集的遙測資料，以匹配運行分析工具提供功能所需的資料。正如我們稍後提到的，手動配置取樣是困難的，除非你了解你的分析工具兼容的取樣類型，否則不推薦這麼做。

附加資源

資源是一組定義遙測資料蒐集環境的屬性。它們描述了服務、虛擬機器、平台、地區、雲端提供商等所有你需要知道的資訊，以將營運問題與特定位置或服務相關聯。如果你的遙測資料（例如 Span、指標和日誌）能告訴你發生什麼事，資源則告訴你發生在哪裡。

資源檢測器

除了服務特定的資源，大多數資源來自應用程式部署的環境，例如 Kubernetes、AWS、GCP、Azure 或 Linux。這些資源來自已知位置，通常有標準的獲取方式。發現這些資意思擴充功能稱為資源檢測器（Resource detector）。

在設置 OpenTelemetry 時，列出你想要捕獲的環境的每一個方面，然後調查是否已經存在資源檢測器來捕獲這些資訊。大多數資源可以由本地蒐集器^{譯註}發現，並在應用程式的遙測資料透過蒐集器時附加到資料上。

幾乎所有的 OpenTelemetry SDK，不論程式語言，都包含資源檢測器。訪問某些資源需要 API 呼叫，這可能會使應用程式啟動變慢，因此我們建議使用蒐集器的方法。

應用服務資源

有一組關鍵資源你無法從執行環境中蒐集到：描述你的應用服務的資源。這些資源極其重要，所以一定要在設置 OpenTelemetry 時定義它們。它們包括以下內容：

service.name

這類服務的名稱，例如 frontend 或 payment-processor。

service.namespace

服務名稱不一定是全局唯一的。服務命名空間可以幫助區分兩種類型的「frontend」服務。

service.instance.id

描述這個特定實例的唯一 ID，以你用於產生唯一 ID 的任何格式編寫。

service.version

版本號，以你用於版本控制的任何格式編寫。

再次強調，設置這些資源是至關重要的。許多分析工具需要它們來提供某些功能。例如，假設你想比較不同版本的應用程式性能並識別任何回歸。如果你沒有記錄 service.version，就無法做到這一點。

譯註　這裡指本地蒐集器來捕獲環境的資訊，並附加至遙測資料上，意思是透過蒐集器的開源擴展功能 ResourceDetectionProcessor 來附加資源屬性至遙測資料上。但前提蒐集器要與應用程式屬於同一個環境中。

安裝檢測工具

除了 SDK，OpenTelemetry 還需要檢測工具。理想情況下，你不需要自己編寫任何檢測工具。如果你的應用程式是由常見應用函式庫（HTTP 客戶端、Web 框架、事件佇列客戶端、資料庫客戶端）建置的，它們的檢測工具應該足以讓你開始。

自動檢測工具可以幫助你查找並安裝這些函式庫的檢測工具。如果沒有可用的檢測工具，請列出你的應用程式使用的所有主要函式庫，並將其與可用檢測工具的列表比較。你可以在 OpenTelemetry 網站的註冊部分（*https://oreil.ly/lGG48*）和 OpenTelemetry GitHub 組織的每種程式語言「contrib」程式碼版本庫（*https://github.com/open-telemetry*）中找到檢測工具的資訊。

每個檢測工具軟體套件都包括安裝說明。未能安裝關鍵的檢測工具軟體套件是導致追蹤失敗的最常見原因。

原生檢測工具

越來越多的開源軟體函式庫開始在其自身內部包含 OpenTelemetry 檢測工具。這意味著不需要安裝額外的檢測工具。只要安裝了 SDK，OpenTelemetry 就可以直接在這些函式庫中運行！有關更多詳細資訊，請參見第 6 章。

檢測應用服務程式碼

你可能希望檢測自家開發的函式庫以及應用服務的程式碼本身。

要檢測自家開發的函式庫,請參見第 6 章並遵循相同的模式。這是進行檢測的最佳方法。理想情況下,檢測工具可以保留在這些共享函式庫中,這樣就不需要直接在應用服務的程式碼中添加檢測工具,只需添加有助於描述它們所實現的業務邏輯屬性即可。你不會想在每個應用服務中重寫相同的檢測工具,這樣很浪費時間!

裝飾 *Span*

開發人員可能希望添加應用程式特定的細節,以幫助協助追蹤問題並為其 Span 標記和檢索。提醒一下,當你想這樣做時,無需添加額外的 Span。你已安裝的函式庫檢測工具應該已經為你建立了一個 Span。不需要建立新的 Span,而是獲取當前的 Span 並用額外的屬性來裝飾它。在較少數量的 Span 上添加更多屬性通常會帶來更好的可觀測性體驗。

多少才算太多?

在追蹤和日誌記錄方面,常常有人詢問如何決定適當的細節程度。是否應該為每個執行函數都包裹成一個 Span?是否應該記錄每行執行的程式碼?

這些問題沒有明確的答案。但我們推薦以下模式:除非是關鍵操作,否則不要在需要之前添加它。在開始使用 OpenTelemetry 時,不要過於關注應用層面的檢測。採取廣度優先的方法,而不是深度優先的方法。

如果你在追蹤營運環境的問題,端到端的追蹤比細粒度的細節更重要。最好讓每個服務都僅使用 OpenTelemetry 提供的檢測工具,然後在需要更多細節時逐步添加特定區域的檢測工具。你也可以從較小的、獨立的部分開始,然後根據需要擴展你的檢測工具。在任何情況下,可觀測性的一個重要價值在於為你的業務邏輯進行客製化檢測方法,這是自動檢測無法捕捉的。考慮到這一點,不要過於糾結「正確」的細節程度,而是專注於你和團隊的需求。這種方法能讓你提出並回答有趣的問題(有關這個主題的更多資訊,請參見第 9 章)。

層次化 Span 和指標

指標不僅僅用於衡量服務中使用了多少 CPU 或垃圾回收暫停的時間。有效使用應用程式指標也可以節省成本，並使你能夠分析長期的性能趨勢。

為你的 API 端點，特別是高吞吐量的端點，建立直方圖指標是一個很好的做法。直方圖是一種特殊類型的指標資料流，由多個桶及落入這些桶的計數構成。你可以將其視為捕獲值分布的一種方式。

OpenTelemetry 支持標準的、預定義的直方圖和指數桶直方圖。後者非常有用。它們會根據你放入的測量值自動調整比例和範圍，也可以相加，這表示可以運行一百個 API 服務器實例，所有實例都建立指數直方圖來跟蹤吞吐量、錯誤率和延遲，然後將所有值相加，即使它們的比例和範圍不同。如果你將這與範例結合起來，不僅可以獲得關於服務性能的高度準確統計資料，還可以透過桶中的範例連結到顯示性能的追蹤。

瀏覽器和行動客戶端

使用者交互的設備，如手機、筆記型電腦、觸控螢幕和汽車，是我們分散式系統中的關鍵元件。瀏覽器和行動客戶端通常運行在少量記憶體、網路狀態差的限制性環境中。如果沒有客戶端遙測資料，要解決這些性能問題會很困難。同樣，理解產品功能或 GUI 的變更如何影響使用者體驗也很困難。

在可觀測性領域，客戶端遙測通常可稱為實際用戶監控（RUM）。截至撰寫本書時，RUM 正在為瀏覽器、iOS 和 Android 行動端積極開發中。

公開閘道器

當你部署 OpenTelemetry 用於客戶端監控時，請記住 OpenTelemetry 蒐集器並不是設計為公開閘道器的。如果你的客戶端 SDK 將遙測資料發送到蒐集器，而不是直接發送到分析工具，請考慮建立一個額外的代理作為公開閘道器，並為你的組織配置適當的安全機制。

完整設置清單

遙測資料極其重要！但有很多環節在運行，當你剛開始時很容易遺漏某些東西。就像飛行員在起飛前檢查飛機一樣，當你驗證 OpenTelemetry 成功安裝時，有一個清單可以遵循是非常有幫助的。以下是一個簡單的清單，供你開始使用。

❏ **每個重要的函式庫都具備檢測函式庫嗎？**

HTTP、框架、資料庫客戶端和訊息佇列系統都應該檢測。仔細檢查你正在使用的函式庫是否確實包含在可用檢測工具的列表中。

❏ **SDK 註冊器是否顯示了追蹤、指標和日誌的提供者？**

可以透過執行一個顯式建立 Span、指標和日誌，或你正在使用的任何訊號函數，來檢查 SDK 是否正確註冊。

❏ **匯出器是否正確安裝？**

匯出器的協議、端點和 TLS 憑證選項是否已配置？

❏ **是否安裝了正確的傳播器？**

如果你不打算使用標準的 W3C 追蹤標頭，請檢查當預期的追蹤標頭作為傳入 HTTP 請求的一部分時，追蹤是否正確記錄父級追蹤 ID。

❏ **SDK 是否將遙測資料發送到蒐集器？**

在你的 Collector 中，為每個流水線添加一個日誌匯出器，並將詳細程度設置為**詳細**（`Detailed`）。這將顯示 SDK 是否成功將遙測資料發送到蒐集器。

❏ **蒐集器是否將遙測資料發送到分析工具？**

如果已確認 SDK 正在將遙測資料發送到蒐集器，剩下的遙測流水線問題是蒐集器和分析工具之間的配置錯誤。

❏ **是否發出了正確的資源內容？**

列出你希望在每個服務上存在的所有資源屬性，並將它們包含在你的檢查清單中。驗證這些資源是否出現在這些服務發出的追蹤和日誌中。

❏ **所有的追蹤是否完整？**

在追蹤分析工具中，驗證追蹤是否顯示，並且它包含每個參與交易的服務中每個檢測函式庫的 Span。

如果某個特定服務的所有 Span 都在追蹤中缺失，表示該服務的前面某個檢查步驟失敗了。

如果一個追蹤看起來從端到端是連接且完整的，但中間缺少預期的 Span，則說明該特定函式庫的檢測工具未正確設置。

❏ **是否沒有斷裂的追蹤？**

當追蹤成功到達後端但顯示為多個獨立的追蹤時，追蹤就是斷裂了。這發生在建立 Span 時沒有父級 Span，從而建立了一個新的追蹤 ID。

如果服務之間的追蹤斷裂，檢查每個部分追蹤中是否有匹配的 CLIENT 和 SERVER Span。如果其中一個 Span 缺失，則說明缺少一個 HTTP 檢測工具。

如果 CLIENT 和 SERVER Span 都存在，檢查客戶端和服務器 SDK 是否都配置為使用相同的傳播格式（例如 W3C、B3 或 XRAY）。如果配置正確，檢查 HTTP 請求並確認追蹤標頭是否實際存在。如果不存在，則說明客戶端未能正確注入傳播標頭。如果存在，則說明服務器未能正確提取標頭。

如果這個檢查清單中的所有項目都通過了，恭喜你！你的服務已經正確地使用 OpenTelemetry 檢測，並準備好投入營運環境。

將所有內容打包

如果你正在使用 OpenTelemetry，你的應用程式可能包含多個服務。大型分散式系統可能有數百個不同的服務，所有這些服務都需要檢測。這可能涉及多個擁有系統不同部分的開發團隊。

無論你的系統有多大，一旦你成功地檢測一個應用程式，最好將所有內容打包，以便更容易地將 OpenTelemetry 添加到其他應用程式中。同時，最好編寫一些內部文件，解釋特定於你的組織的所有設置和配置步驟（有關推出可觀測性的更多資訊，請參見第 9 章）。

使用 OpenTelemetry 設置應用程式可能會很棘手，因為在這個過程中你需要了解並與 OpenTelemetry 的每個部分互動。理解主要元件是什麼以及它們之間的關係，可以更容易地驗證所有內容是否已正確安裝並偵錯任何問題。

將 OpenTelemetry 打包的一個好方法是直接將檢測工具添加到函式庫和框架中。這樣可以減少需要安裝的軟體套件數量，並簡化應用程式中的安裝過程，下一章將討論如何做到這一點。

總結

重新檢測大型系統所需的工作往往會導致供應商鎖定的形式，因為更改所有內容既昂貴又耗時。但 OpenTelemetry 的優勢在於，一旦完成，就不需要再重複這個過程了！即使更換分析工具或供應商，也不需要再進行這個過程。切換到 OpenTelemetry 意味著切換到一個適用於所有可觀測性系統的標準。

第六章

檢測函式庫

可靠性的代價是追求極致的簡單。這是一個非常富有的人最難付出的代價。

— Sir Antony Hoare[1]

網際網路應用程式都非常相似。它們的程式碼並不是憑空編寫的；開發人員應用常見的一套工具，網路協議、資料庫、執行緒池、HTML 等來解決特定問題。這就是為什麼我們稱它們為應用程式。這些應用程式利用的工具稱為函式庫，而這正是本章關注點。

共享函式庫是那些許多應用程式廣泛採用的函式庫。大多數共享函式庫是開源的，但並非全部都是：有兩個值得注意的專有共享函式庫是 Apple 提供的 Cocoa（*https://oreil.ly/CdXVT*）和 SwiftUI（*https://oreil.ly/FAoEo*）框架。不管其許可證如何，廣泛使用的函式庫會帶來一些在檢測普通應用程式程式碼時不會遇到的額外挑戰。在本章中使用函式庫這個術語時，我們指的就是這種類型的共享函式庫。

OpenTelemetry 是為函式庫檢測設計的。如果你是這些函式庫的維護者之一，本章適合你。即使是單個組織內部的函式庫也會受益於接下來的建議。如果你只是尋找最佳實踐，你會在本章結尾找到相關部分。

---

1 Charles Antony Richard Hoare, "1980 ACM Turing Award Lecture: The Emperor's Old Clothes," *Communications of the ACM* 24, no. 2 (February 1981): 75–83.

作為函式庫的維護者，檢測自己的函式庫這個想法可能是一個新穎的概念。我們稱這種做法為原生檢測工具，我們希望說服你，它優於傳統的方法，即由第三方維護檢測。我們還將討論為什麼高質量的函式庫遙測對可觀測性至關重要，並探討維護者在自己編寫檢測時面臨的障礙。

正如第 5 章所提，我們提供了一個檢測函式庫時使用的最佳實踐檢查清單。我們還會涉及一些與共享服務相關的附加最佳實踐，例如資料庫、負載平衡器和像 Kubernetes 這樣的容器平台。

除了實際進入函式庫本身的程式碼外，原生檢測工具還開啟了一組更廣泛的實踐，我們認為這對函式庫維護者和用戶都有益。這些是新理念，我們期待著在原生檢測工具變得更普遍時與你一起發展這些理念。

函式庫的重要性

應用服務程式碼和函式庫之間的區別可能看起來很明顯，但它對可觀測性有重要的影響。請記住，大多數營運環境問題並非源於應用程式邏輯中的簡單錯誤，而是由大量併發用戶請求訪問共享資源，這些交互方式導致了意外行為和開發過程中未出現的連鎖故障。

在大多數應用程式中，大多數資源使用發生在函式庫程式碼中，而不是應用服務程式碼中。應用服務程式碼本身很少大量占用資源；相反地，它負責指示函式庫程式碼利用資源。問題在於，應用服務程式碼可能會錯誤地引導這些函式庫。例如，它可能指示應用程式依序地蒐集資源，而實際上平行蒐集會更有效，導致過多的延遲（如圖 6-1 所示）。

除了讓所有操作變慢外，多個請求同時讀寫相同資源還會產生一致性錯誤。一個從數個獨立資源中讀取資料的請求，可能會試圖在整個請求處理過程中對每個資源加鎖，以防止不一致的讀取。但這可能會引發死鎖情況，當另一個請求以不同順序試圖鎖定相同資源時。這些問題確實是應用程式邏輯中的錯誤，但它們是由這些應用程式試圖訪問的共享系統基本特性引起的，並且只在營運環境中發生。

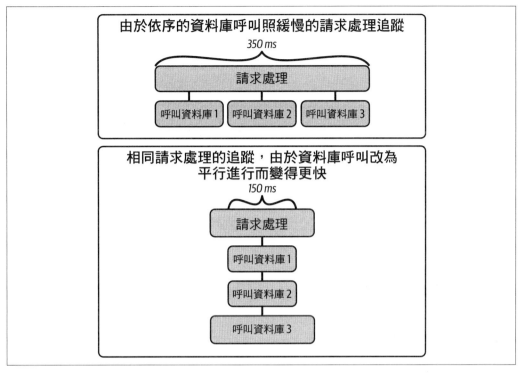

圖 6-1　平行呼叫（下圖）可以取代串行呼叫資料庫（上圖），以顯著減少延遲。

更糟的是，營運環境的問題可能會加劇。隨著資料庫的整體負載增加，每個對該資料庫的請求都會變得更慢。緩慢的請求反過來會進一步增加不一致的讀取、死鎖和其他錯誤的風險。死鎖和不一致的讀取會引發更多的故障，這些故障可能會蔓延到整個系統。

在調查這些問題時，查看函式庫使用的模式很重要。這使得函式庫在可觀測性方面變得至關重要，這意味著高質量的函式庫遙測是關鍵。

為什麼提供原生檢測工具？

很明顯，函式庫遙測是至關重要的。但是，為什麼原生檢測工具很重要？僅僅提供一些掛鉤讓用戶為他們想添加的任何檢測工具編寫擴展功能，或者進一步讓可觀測性系統透過自動檢測工具動態插入一切，這有什麼問題？

事實證明，自己編寫檢測工具對你和用戶都有許多好處。本節將詳細解釋這些優點。

原生檢測工具預設啟用的可觀測性

可觀測性系統通常很難設置，其中一個主要原因是需要為每個函式庫安裝和檢測工具。

但如果檢測工具已經存在，只是預設是關閉，但在用戶安裝接收遙測資料的工具時，可以立即在應用程式中的每個函式庫中啟用呢？如果這些檢測工具都使用相同的標準來描述常見操作，例如 HTTP 請求呢？這將大大降低可觀測性的門檻。

擴展功能套件有什麼問題？

你可能會想，如果可以提供掛鉤讓其他人來編寫擴展功能套件，為什麼還需要原生檢測工具？

首先，當你將關鍵功能委託給擴展功能套件時，你就依賴於其他人來編寫和更新它。當你發布新版本的函式庫時，這個版本不會自帶正確的檢測工具；直到擴展功能套件作者注意到並更新擴展功能套件之前，你的用戶將會有不佳的使用體驗。

更微妙的是，擴展功能套件將你的檢測工具限制在你認為允許用戶執行任意程式碼的地方。擴展功能套件需要在你的函式庫運行時中添加掛鉤，這會增加你將來需要支持的範圍。架構改進通常會改變可用的掛鉤，這會破壞擴展功能套件的兼容性。掛鉤越多，你的兼容性問題就越嚴重。

最後，擴展功能套件和掛鉤增加了一層間接性，這可能會增加開銷。你提供的任何資料都必須轉換為檢測工具使用的格式，這會浪費記憶體。

原生檢測工具讓你與使用者溝通

擁有你的函式庫的遙測資料有助於促進溝通。作為函式庫的維護者，你與用戶有一種關係和責任。遙測資料是維持這種關係的重要部分，用自己的聲音來表達很重要。你提供的指標和追蹤將為使用者需要用來保持系統運行的儀表板、警報和故障排除工具提供支持。當他們配置錯誤、超過緩衝區的最大容量或遇到故障時，你會希望能夠警告他們，可以使用生成的遙測資料來與用戶溝通這些問題。

與使用者溝通的一種方式是透過說明文件和操作手冊，另一種方式則是藉由儀表板和警報。

說明文件和操作手冊

當你掌控自己的可觀測性時,你可以使用一個精確的模式,用來解釋函式庫的運作方式。

例如,你可以使用追蹤來描述你的函式庫的結構。這為新的用戶提供了有價值的反饋,幫助他們可視化使用函式庫的方式。函式庫有很多錯誤的使用方式,例如,進行串行操作而實際上可以平行化,快取或緩衝區的配置不佳,應該重用時卻選擇重複實例化客戶端或實例對象,或因為不當使用互斥鎖導致資料的非預期變更。如果你告訴用戶應該注意什麼,追蹤可以幫助他們輕鬆識別常見的「陷阱」和反模式。[譯註]

你還可以建立操作手冊,記錄你的函式庫發出的警告和錯誤,並解釋如何解決每個問題。許多函式庫提供了調整各種參數的配置選項。但是,什麼時候應該更改這些設置,如何確認它們已經正確調整?遙測資料可以成為這些說明的基礎。

儀表板和警報

你的函式庫還會發出指標,這些指標應始終以某個使用案例為設計目標。任何發出指標的函式庫都應該建議一套預設的儀表板,新用戶在開始監控應用程式時應該設置這些儀表板,包括從追蹤遙測資料中導出的常見性能指標。如果你已明確定義了你的函式庫發出的遙測資料,使用確切的屬性名稱和值來描述一套預設的儀表板和警報將會很容易,這些名稱和值是用戶在設置時所需要的。

所有這些可能聽起來像是額外的工作,但它們非常有價值。如果你嘗試為一個沒有測試的函式庫添加測試,你可能會發現它的構建方式使其無法測試。對於可觀測性來說也是如此:在開發過程中著手可觀測性工作,並描述你的用戶應該如何利用這些可觀測性,將會改進你的函式庫的設計和架構。清晰的溝通對說話者和聽者一樣有價值。

原生檢測工具顯示你關心性能

可觀測性也可以視為一種測試形式。事實上,當運行營運系統時,這是我們唯一可用的測試形式。警報是什麼,如果不是測試呢?「我期望 X 超過 Y 的時間不會超過 Z 分鐘」這看起來確實像一個測試。

譯註　重複實例化物件 v.s. 重用實例物件。重複實例化是指每次需要使用一個對象或客戶端時都建立一個新的實例,而不是使用已存在的實例。每次實例化都會占用更多的記憶體和資源,並且可能會增加系統的負擔和延遲。重用實例物件,是指在適當的時候使用已經存在的對象或客戶端實例,而不是每次都建立新的實例。例如重複利用資料庫連接池,而不是每次請求都重新建立一個資料庫連接實例物件。這場景重複利用可以節省資源,並降低資料庫的負載。

但你也可以在開發過程中將可觀測性用作測試的一種形式。一般來說，開發人員花很多時間測試邏輯錯誤，但很少花時間測試性能問題和資源使用。鑑於有許多連鎖的營運環境問題源於延遲、超時、資源爭用和負載下的意外行為，這是值得重新審視的。

作為一個行業，我們已經達到了需要將可觀測性變成一等公民的階段。就像測試一樣，可觀測性應該是開發過程中一個重要且資訊豐富的部分，而不是事後才附加上去的。如果函式庫的維護者不負責自己的可觀測性，這種情況永遠不會發生。

為什麼函式庫沒有自帶檢測工具？

現在你已經了解函式庫遙測有多重要，你可能會驚訝地發現，目前幾乎沒有任何函式庫會自動發出遙測資料。函式庫的檢測工具通常是由其他人撰寫並在事後安裝的。為什麼會這樣？有兩個原因：組合性和追蹤。

可觀測性系統的組合性不好。過去，檢測工具總是與特定的可觀測性系統綁定在一起。選擇一個檢測工具函式庫意味著也要選擇一個客戶端和一個資料格式。

如果你選擇了一種可觀測性工具，而另一個函式庫選擇了不同的工具會發生什麼事？用戶現在不得不運行兩個完全獨立的可觀測性工具。更可能的是，他們必須依賴第三方代理或整合工具來在你的選擇和他們的選擇之間轉換。這是大多數函式庫作者的現狀；他們發出日誌，可以轉換成指標，並依賴用戶來填補空白

即使是像紀錄錯誤這麼簡單的事情也會有問題。你應該選擇哪個日誌函式庫？如果你有很多用戶，就沒有正確的答案；其中一些人使用一種日誌函式庫，而另一些人使用另一種。大多數程式語言提供了多種日誌外觀來緩解這個問題，但沒有真正通用的解決方案。即使日誌到 stdout，對某些用戶來說也會有問題。如圖 6-2 所示，函式庫維護者做出的任何選擇在所有應用程式中都不會是正確的。

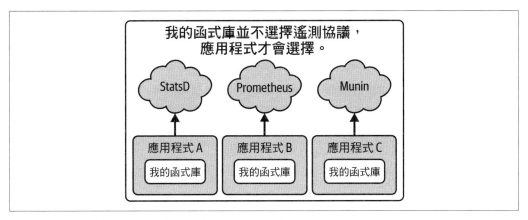

圖 6-2　當不同的應用程式使用不同的可觀測性系統時，就沒有正確的答案。

一開始，函式庫作者和維護者就陷入困境，因為他們無法選擇可觀測性系統。應用程式的維護者必須做出這個選擇，因為它影響整個應用程式。

追蹤是函式庫可觀測性的真正障礙。同時處理多個日誌和指標系統會很低效和令人厭煩，但還是有可能的。真正問題在於追蹤。由於追蹤在函式庫邊界之間傳播上下文內容，因此只有所有函式庫都使用相同的追蹤系統時它才有效。

有少數程式語言提供了可以跨函式庫互相操作的日誌與指標介面 ——Log4j 和 Micrometer 是 Java 的兩個例子。但在撰寫本書時，除了 OpenTelemetry 及其前身 OpenTracing 之外，沒有可接受的追蹤選項可以用於函式庫檢測工具。因此，讓我們轉而看看使 OpenTelemetry 成為函式庫檢測工具良好選擇的特質。

OpenTelemetry 如何支持函式庫

檢測工具是一種橫切關注點，也就是說，一個子系統會最終遍布整個程式碼庫，每個部分都會使用到它。安全性和異常處理是其他橫切關注點的例子。

通常，隨處插入 API 呼叫會視為一種反模式。在應用程式設計中，劃分功能區塊是最佳實踐，限制不同函式庫交互的地方也是如此。例如，最好將所有處理資料庫訪問的程式碼封裝在程式碼庫的一部分中。如果到處都是 SQL 呼叫，與 HTML 渲染和其他各種程式碼混在一起，會很令人擔憂。

但是，橫切關注點必須與應用程式的每個部分交互，因此需要非常小心地處理這些軟體功能的介面。在本節中，我們將探討編寫橫切關注點的幾個最佳實踐，並展示如何遵循這些實踐使 OpenTelemetry 成為函式庫檢測工具的良好選擇。

OpenTelemetry 將檢測工具 API 與實現分開

我們之前指出，雖然各個函式庫會發出特定的遙測資料，但最終用戶需要為如何處理和導出這些遙測資料做出全應用範圍的選擇。因此，我們有兩個不同的關注點：為特定函式庫編寫檢測工具，和為整個應用程式配置遙測流水線。這兩個不同的關注點是由不同的人來處理：函式庫維護者和應用程式維護者。

這種關注點的分離引導我們回到 OpenTelemetry 的架構設計，這正是為了這個原因，OpenTelemetry 將檢測工具 API 和其實現分開。函式庫維護者需要一個介面來為他們擁有的程式碼編寫檢測工具，而應用程式維護者則需要安裝和配置擴展功能套件和匯出器，並做出其他全應用範圍的決策。

傳遞依賴衝突包括不兼容的 API 版本（在本節後面會討論），但問題不僅止於此。如果該 API 軟體包本身依賴大量的其他依賴項，這些依賴項也可能會引發問題。

將 API 與實現分開解決了這個問題。API 本身幾乎沒有依賴項。SDK 和所有的依賴項只有在應用開發者設置時才會引用。這意味著應用開發者可以透過選擇不同的擴展功能套件或實現，來解決任何依賴衝突。

這種鬆耦合的模式使 OpenTelemetry 能夠解決將儀表嵌入到許多不同擁有者安裝的共享函式庫問題。

OTel 維持向後兼容性

將 API 與實現分開是很重要的，但這還不足夠。API 還需要在所有使用它的函式庫中維持兼容性。

如果 API 經常變更，並且定期發布新的主要版本，將會打破兼容性。即使專案正確遵循語意化版本控制（semver），以負責任的方式發布新的主要版本號，也無濟於事。新的主要版本號會引發傳遞依賴衝突，這種衝突發生在當一個應用程式依賴兩個函式庫，而這兩個函式庫依賴於一個不兼容的第三方函式庫（如圖 6-3 所示）。

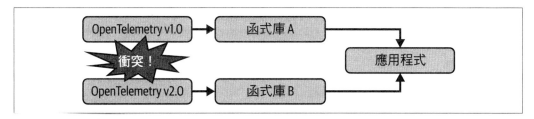

圖 6-3　兩個依賴不同主要版本 API 的函式庫無法編譯到同一個應用程式中

為了避免這個問題，所有 OpenTelemetry API 都是向後兼容的。事實上，向後兼容性是 OpenTelemetry 專案的一個嚴格要求。我們必須假設一旦檢測工具編寫完成，可能永遠不會再更新。因此，OpenTelemetry 的穩定 API 以 v1.0 發布，且沒有發布 v2.0 的計畫。這確保了任何現有的檢測工具即使在十年後也能繼續工作。

OTel 預設關閉檢測工具功能

當一個使用 OpenTelemetry 的函式庫安裝在不使用 OpenTelemetry 的應用程式中時，檢測工具會發生什麼事？什麼都不會發生。OpenTelemetry API 的呼叫總是安全的，它們永遠不會拋出異常。

在本地檢測工具中，OpenTelemetry API 直接在函式庫程式碼中使用，沒有任何包裝或間接呼叫。由於 OpenTelemetry API 沒有任何開銷，且預設是關閉的，函式庫維護者可以直接在他們的程式碼中嵌入 OpenTelemetry 檢測工具，而不是在需要配置才能工作的擴展功能套件或包裝器後面。

為什麼這很重要？因為每個函式庫都需要擴展功能套件或配置變更來啟用檢測工具，使用者需要做大量工作來使他們的應用程式具備可觀測性。他們甚至可能會錯過檢測工具作為選項的存在！

想像一個使用了五個函式庫的應用程式（如圖 6-4 所示）。現在有五個地方需要配置，並且有五個機會未能啟用對觀察應用程式至關重要的遙測。

使用本地檢測工具，不需要任何配置。如圖 6-5 所示，當用戶註冊 SDK 時，它會立即開始接收來自所有函式庫的遙測資料。使用者不需要採取任何額外的步驟。

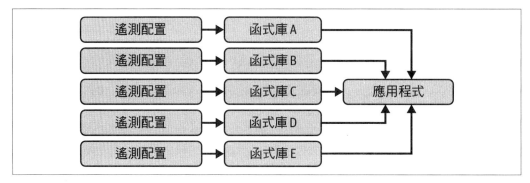

圖 6-4　非本地檢測工具會需要大量配置

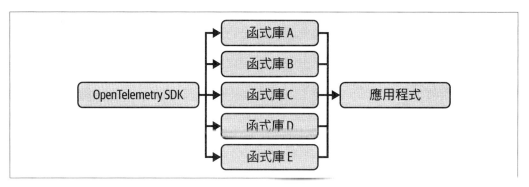

圖 6-5　一旦安裝了 SDK，所有本地檢測工具將自動啟用。

共享函式庫檢查清單

所以，檢測你的函式庫時，應該做什麼事？以下是我們認為成功方法的最佳實踐檢查清單。如果你能做到以下幾點，你的函式庫就會成為最可觀測和最適合操作的函式庫之一。

❑ **你是否預設啟用了 OpenTelemetry？**

提供 OpenTelemetry 作為預設關閉的選項聽起來不錯。這將阻止你的函式庫在用戶註冊他們的 OpenTelemetry 實現時自動啟用檢測工具。請記住，OpenTelemetry API 預設是關閉的，只有應用程式擁有者打開它時才會啟動。如果你增加了一個步驟，要求使用者配置你的函式庫來啟用 OpenTelemetry，他們使用它的可能性會更小。

❑ **你是否避免包裝 API？**

將 OpenTelemetry API 包裝在自定義 API 中可能很有吸引力，但 OpenTelemetry API 是可插拔的！如果使用者想要不同的實現，他們可以將其註冊為 OpenTelemetry 提供者，從而在所有使用 OpenTelemetry 的函式庫中啟用該實現。

❑ **你是否使用了現有的語意約定？**

OpenTelemetry 提供了一個標準的結構描述來描述最常見的操作，如 HTTP 請求、呼叫資料庫和事件隊列：OpenTelemetry 語意約定。請查看語意約定（*https://oreil.ly/9PD90*），並確保你的檢測工具在適用的地方使用它們。

❑ **你是否建立了新的語意約定？**

對於你的函式庫特有的操作，使用現有的語意約定作為指南來編寫自己的約定。為你的使用者記錄這些約定。如果你的函式庫在多個程式語言中有多個實現，考慮將你的約定上游提交到 OpenTelemetry，以便其他函式庫維護者也能使用它們。

❑ **你是否只導入 API 套件？**

在編寫檢測工具時，有時可能會錯誤地引用 SDK 套件。確保你的函式庫只引用 API 套件。

❑ **你是否將函式庫固定在主要版本號上？**

為了避免與其他函式庫產生依賴衝突，允許你的函式庫依賴 OpenTelemetry API 的任何未來版本，直到下一個主要版本。例如，如果你的函式庫需要在版本 1.2.0 中添加的 API 功能，你應該要求版本範圍為 `v1.2.0 < v2.0.0`。[2]

❑ **你是否提供全面的文件？**

提供描述你的函式庫產生的遙測資料文檔。特別是，確保描述你建立的任何函式庫特有的語意約定。根據它提供的遙測，提供正確調整和操作函式庫的手冊。

❑ **你是否測試了性能並分享了結果？**

使用你擁有的遙測資料建立性能測試，並將結果提供給你的用戶。

---

2 雖然 OpenTelemetry 沒有計畫發布 2.0 版本，但依賴新主要版本仍然是不好的做法。許多軟體在向後兼容性方面做得很差，以至於用戶已經習慣於不信任任何類型的更新，但在這裡，你可以相信小版本更新真的只是小版本更新。

共享服務檢查清單

我們已經描述了使用者如何將共享函式庫組合到他們的應用程式中，但另一類型的開源系統同樣值得關注：共享服務。這些是完全自包含的獨立應用程式，如資料庫、代理服務和訊息佇列系統。

在檢測共享服務時，共享函式庫的所有最佳實踐仍然適用。我們還建議添加以下內容：

❏ **你是否使用了 OpenTelemetry 配置文件？**

允許使用者以配置所有其他服務的相同方式來配置系統生成的遙測資料：透過暴露標準的 OpenTelemetry 配置選項和環境變數。

❏ **你是否預設輸出 OTLP？**

雖然包含其他匯出器和擴充功能套件是可以的，但只需提供 HTTP/Proto 的 OTLP 作為預設匯出選項就足夠了。用戶可以使用蒐集器後續處理和轉換這些輸出。

❏ **你是否提供了一個本地蒐集器？**

如果你提供虛擬機或容器映像，考慮提供一個安裝本地蒐集器的版本，用於捕獲機器指標和其他資源。

總結

如果你不能編寫自己的檢測工具程式碼，產生遙測資料就會變得困難。而如果你不能產生遙測資料，關注性能也會變得困難。將控制權和責任交給合適的人手中，是 OpenTelemetry 幫助人們重新設計和思考可觀測性的重要部分。

我們希望你能同意我們的觀點，並且本章能幫助你考慮如何將可觀測性融入你的開發實踐中。在五年內，我們希望開發者能像重視測試一樣重視運行時的可觀測性。如果你也覺得這很有啟發性，請加入我們，一起實現這個夢想！

第七章

監測基礎設施

> 我們建造計算機系統的方式就像建造城市一樣：隨著時間的推移，沒有計畫地在廢墟之上構建。

— Ellen Ullman[1]

儘管在雲端計算、無伺服器架構等技術上取得了許多進展，這些技術承諾可以讓開發者不必關心程序在哪裡以及如何運行，但仍然有一個基本事實困擾我們：軟體必須在硬體上運行。然而，發生變化的是我們與硬體的互動方式。我們不再依賴直接的呼叫系統，而是依賴越來越複雜的 API 和其他底層基礎設施抽象來支持軟體。

基礎設施不僅限於物理硬體。行星規模的雲端計算平台提供了從密鑰管理到快取再到簡訊閘道器的各種託管服務。新的 AI 和機器學習驅動的服務似乎每週都會出現，而新的編排和部署方法則承諾在程序運行的地點和方式上提供更多的速度和靈活性。

基礎設施是任何軟體系統的重要部分，了解你的基礎設施資源是可觀測性的關鍵部分。在本章中，我們將介紹如何使用 OpenTelemetry 進行基礎設施的可觀測性，並討論如何理解和建模你的系統中的這一部分。

---

1 Ellen Ullman, quoted in the introduction to Kill It with Fire: Manage Aging Computer Systems (and Future Proof Modern Ones) by Marianne Bellotti (Burlingame, CA: No Starch Press, 2021).

什麼是基礎設施可觀測性？

幾乎每個開發者或維運人員都做過一些基礎設施監控，例如監控系統的 CPU 利用率、記憶體使用情況或可用的硬碟空間，甚至是遠程主機的運行時間。監控是使用電腦主機時非常常見的任務。所以，基礎設施可觀測性與監控任務有什麼區別呢？答案是：上下文內容。雖然了解特定 Kubernetes 節點使用了多少記憶體是有用的，但這個統計資料並不能告訴你系統的哪些部分影響了它。

基礎設施可觀測性關注兩件事：基礎設施提供商和基礎設施平台。提供商是基礎設施的實際「來源」，例如資料中心或雲端提供商。亞馬遜網路服務（AWS）、Google 雲端平台（GCP）和微軟 Azure 是基礎設施提供商。

平台是這些提供商之上的更高層次抽象，提供某種託管服務，其規模、複雜性和用途各不相同。Kubernetes 作為容器編排工具，是一種平台；函數即服務（FaaS），例如 AWS Lambda、Google App Engine 和 Azure Cloud Functions，是無伺服器平台。平台不一定僅限於程式碼或容器運行環境；持續整合和持續交付（CI/CD）平台，例如 Jenkins，也屬於基礎設施平台的範疇。

將基礎設施可觀測性納入整體可觀測性概況中可能具有挑戰性。這是因為基礎設施資源通常是共享的，許多請求可以同時使用同一單位的基礎設施，並且找出基礎設施和服務狀態之間的關聯很困難。即使有這種關聯，獲得的資料是否有用？你的基礎設施需要設計成可以根據這些見解採取行動的方式。

我們可以建立一個「重要事項」的簡單分類法，來說明什麼對可觀測性至關重要。簡而言之：

- 你能否在特定的基礎設施和應用訊號之間建立上下文（無論是固定還是輔助上下文）？
- 藉由可觀測性理解這些系統，是否有助於你達成特定的業務或技術目標？

如果這兩個問題的答案都是否，你可能不需要將該基礎設施訊號納入你的可觀測性框架。這並不意味著你不需要或不想監控該基礎設施！這只是意味著你需要使用與可觀測性不同的工具、實踐和策略來監控。

讓我們帶著這些問題來逐步探討基礎設施提供商和基礎設施平台，並討論需要哪些遙測訊號以及 OpenTelemetry 如何幫助我們獲取這些訊號。首先，我們將討論使用 OpenTelemetry 從雲端基礎設施中蒐集訊號，例如虛擬機或 API 閘道器。之後，我們將深入探討 Kubernetes、無伺服器和事件驅動架構的可觀測性策略。

監測雲端提供商

雲端提供商提供大量的遙測資料。你的責任是檢索和儲存最相關的資料。但要如何知道哪些基礎設施資料是相關的呢？

你需要回答的最重要問題是：「什麼遙測資料對我的可觀測性有價值？」考慮 AWS 上的一個 EC2 實例。單個實例可能提供數百個指標，包含數十個維度：健康檢查、CPU 利用率、寫入硬碟的位元組數量、進出網路的流量、消耗的 CPU 點數等。運行在該實例上的 Java 服務將暴露更多的指標：垃圾回收統計、執行緒數量、記憶體使用量等。這個實例和服務還會產生系統日誌、內核日誌、訪問日誌、JVM 運行時日誌等。

我們不能真正提供一個完全權威的指南來管理每個雲端上每個服務的遙測資料。相反地，讓我們看看雲端原生架構中常見的服務類型，然後檢查一些透過 OpenTelemetry 管理這些訊號的解決方案。

我們可以將雲端提供商提供的服務大致分為兩類。第一類是裸機基礎設施，即按需和可擴展的服務，提供計算、儲存、網路等，例如按需虛擬機、Blob 儲存、API 閘道器或託管資料庫。第二類是託管服務，這些服務可以是按需的 Kubernetes 叢集、機器學習、流式處理器或無伺服器平台。

在傳統資料中心，你需要負責匯總指標和日誌。雲端提供商通常透過 AWS CloudWatch 等服務為你執行這一步驟，但你也可以自行蒐集。你可以透過 OpenTelemetry 中的預設接收器或自定義接收器來完成這一點。

你已經了解 OpenTelemetry 是基於追蹤提供的固定上下文構建的。你也了解到，分析提供有意義的性能改進機會請求處理，是一個重要的可觀測性部分。考慮到這一點，讓我們深入探討如何將雲端基礎設施的指標和日誌整合到你的 OpenTelemetry 策略中。

蒐集雲端指標和日誌

如果你在雲端構建系統，幾乎可以肯定你已經在蒐集指標和日誌。每個雲端提供商都提供各種服務和代理程序，將系統監控資料和日誌內容發送到其自身（或第三方）的監控服務。當你開始使用 OpenTelemetry 時，你需要回答的問題是，哪些訊號對可觀測性有價值？現有基礎設施發出的許多訊號都可以融入你的可觀測性策略中，但並非全部。可以將雲端遙測資料看作「冰山」，如圖 7-1 所示。儘管 OpenTelemetry 能夠蒐集這些全部訊號，但你應該考慮如何將它們融入你的整體監控策略。

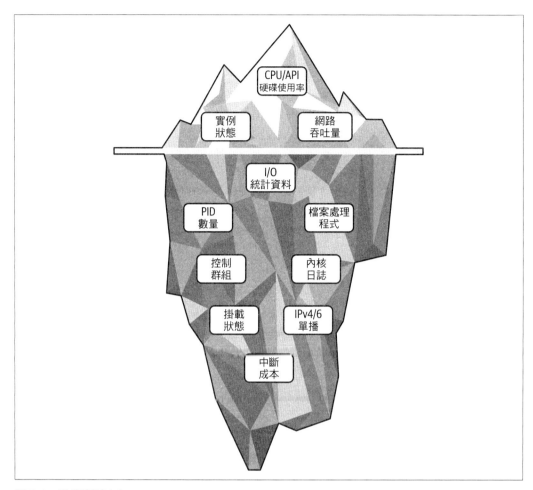

圖 7-1　雲端遙測冰山

以實例狀態為例。「電腦是否正在運行？」這似乎是一個絕對關鍵的資料，但在分散式系統中，單個虛擬機的運行或停止並不能告訴你太多。而且，你不會僅依靠實例可用性指標來解決問題，因為這只是一個單一資料點。雖然跟蹤這個事件可能有用，但僅僅查看這個資料並不能告訴你整個系統的整體狀態。例如，一個設計良好的分散式系統應該對單個節點的離線具有相當的韌性反應。

然而，當你將這個事件作為可觀測性系統的一部分來看待時，它變得更加有用。如果你能夠將實例離線與透過 API 閘道器或負載平衡器的錯誤路由請求相關聯，就可以用它來診斷用戶請求的性能問題。如果使用這些訊號的指標或追蹤可以用來制定 SLO，這些資料就成為你整體業務和可靠性工程策略的寶貴部分。即使單一訊號在孤立情況下可能看起來不那麼有價值，但其價值需要作為整體可觀測性策略的一部分來考慮。

為此，你確實需要考慮哪些是重要訊號以及要如何使用。這需要你採用一些基本原則：

- 使用語意約定在指標訊號和應用遙測之間構建輔助上下文。確保從服務程式碼和基礎設施中發出的後設資料使用相同的鍵和值。

- 不需要重新發明輪子：盡可能利用現有的整合工具和資料格式。OpenTelemetry Collector 擁有大量的擴展功能套件生態系統，可以將來自多個來源的現有遙測資料轉換為 OpenTelemetry 協議（OTLP）。

- 對你的遙測資料要有目的性！你應該真正考慮如何蒐集指標和日誌，你實際需要什麼，以及需要保留多長時間。我們曾與一些開發人員交談過，他們在雲端作業上花費了不到 10 美元的計算資源，但卻產生了超過 150 美元的日誌成本！

捕獲或轉換雲端指標和日誌資料的主要工具將是 OpenTelemetry 蒐集器（*https:// opentelemetry.io/docs/collector*）。你可以用多種方式部署它，你可以在 Linux 或 Windows 主機上將其安裝為系統服務，以直接搜羅指標，或者可以部署多個蒐集器來搜羅遠程指標端點。完整的安裝和配置選項討論超出了本書的範疇，但在本節中，我們將介紹一些配置和使用的最佳實踐。

雖然你可以輕鬆地拉取 Collector 的 Docker 容器或預建置的二進制映像，但營運環境中的部署應該依賴於蒐集器建造者工具（*https://oreil.ly/UOy49*）。這個工具允許你建置一個包含所需的接收器、匯出器和處理器的自定義建置版本。你可能還會遇到一些需要透過添加自定義功能模組到蒐集器來解決的問題；使用這個建造者工具可以更輕鬆地完成這些操作，因此培養使用它的習慣也不錯。

在指標流水線的早期階段處理屬性時，傾向於「多添加」一些屬性，丟棄不需要的資料比添加不存在的資料要容易得多。添加新維度可能會引起基數爆炸，即指標儲存資料庫需要儲存的時間序列數量急劇增加，但你可以在流水線後期使用允許列表來控制這一點。

推送與拉取

OpenTelemetry 通常對推送（Push）與拉取（Pull）指標持中立態度，推送系統是將指標從主機傳輸到中央服務器，而拉取系統則是中央服務器從已知路徑中獲取指標。但需要注意的是，OTLP 沒有拉取指標的概念。如果你選擇使用 OTLP，將會推送你的指標。

隨著 OpenTelemetry 的廣泛應用，越來越多的供應商正在建立以 OTLP 格式匯出指標遙測資料的本地產品。我們將在後面更詳細地討論這個問題，請繼續閱讀！

你可以隨時選擇使用蒐集器，直接從虛擬機、容器等產生並傳輸指標和日誌遙測資料。這方面有許多開箱即用的整合工具，比如 hostmetrics 接收器。

為了避免繁瑣的重新映射（詳細內容請參見下一小節），嘗試找到一些你希望在現有指標和日誌中共享的屬性，並將它們添加到你的追蹤和應用指標訊號中，而不是反過來。如果你是從零開始構建，考慮從一開始就使用 OpenTelemetry，藉由蒐集器和 SDK 捕獲系統和處理過程的遙測資料。

圖 7-2 說明了一種更受歡迎的部署架構實現。在這裡，蒐集器作為「閘道器」，統一來自多個聚合器或工具的遙測資料。請注意，蒐集器中的所有元件並非都是無狀態的；例如，日誌處理和轉換是無狀態的，但 Prometheus 抓取器則不是。圖 7-3 顯示了一種更高級的架構版本，包含應用服務和資料庫，每個元件都有獨立的蒐集器，可以根據訊號類型水平擴展。

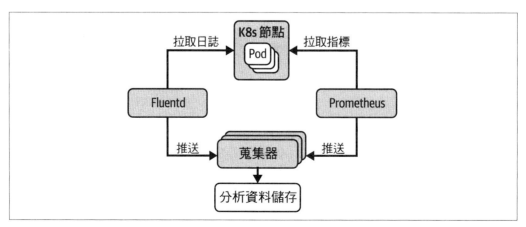

圖 7-2　Collector 作為「閘道器」部署來監控 Kubernetes 節點，其中 Prometheus 和 FluentD 負責抓取指標和日誌，並將其發送到外部蒐集器，這些蒐集器負責處理所有訊號。

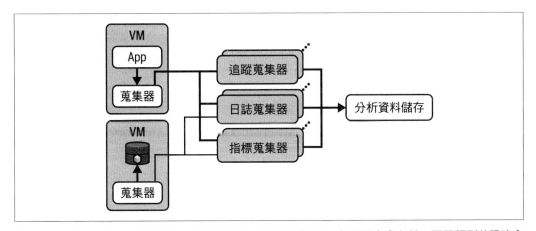

圖 7-3　Collector 作為「閘道器」的部署方式，類似於圖 7-2，但不同之處在於，不同類型的訊號會發送到專門的蒐集器池，而不是所有遙測資料都發送到同一個蒐集器池。

後設監控

後設監控（Metamonitoring），即監控你的蒐集器性能也很重要。蒐集器會暴露一些指標，如 otelcol_processor_refused_spans 和 otelcol_processor_refused_metric_points（由壓艙物擴展功能提供[2]）。這些指標會告訴你限流器是否導致蒐集器拒絕接收新遙測資料。如果是這樣，你應該擴大容量。同樣地，計算 queue_size 和 queue_capacity 指標之間的差異，能讓你知道接收器何時處於繁忙狀態。

在規劃蒐集器容量時，請記住以下一些粗略的規則：

- 針對每個主機或工作負載實驗，以確定每種類型蒐集器的正確壓艙物大小（預分配給堆積的記憶體分塊）。壓力測試是找出上限的好方法。

- 對於抓取的指標，避免抓取碰撞（即當下一次抓取預定開始時，上一個抓取還未完成）。

- 不必立即進行所有轉換；可以將較繁重的處理移至流水線的後期階段。這可以減少蒐集器使用的記憶體和計算資源，對於在 VM 或主機上與處理程式一起運行的蒐集器特別有價值。

- 與其丟失遙測資料，不如稍微多預留一些資源！

2　有關 Golang 記憶體壓艙物以及 Go 的併發垃圾蒐集如何影響性能的更多資訊，請參閱 Ross Enger 部落格文章「Go Memory Ballast」（*https://oreil.ly/wWFPq*）。

等等，什麼是壓艙物？

在你讀到這篇文章時，壓艙物擴展功能^{譯註}可能已遭棄用（詳情見 *https://oreil.ly/aAhsP*），取而代之的是對 GOMEMLIMIT 和 GOGC 環境變數的調整。請務必參考 OpenTelemetry 文件（*https://opentelemetry.io/docs/*），以獲取所有元件的最新指南和功能。

容器中的蒐集器

許多 OpenTelemetry 用戶將蒐集器部署在容器中，作為 Kubernetes 或其他容器編排工具的一部分。在容器中，一個好的建議是使用 2 的倍數來設置記憶體限制^{譯註}和壓艙物大小。例如，將壓艙物設置為容器記憶體的 40%，然後將記憶體限制設置為 80%。這樣可以透過預先分配記憶體到堆積來減少記憶體清理的抖動，提高整體性能，並且允許蒐集器向生產者發出訊號，讓他們減少遙測資料的生產，而不會因為記憶體不足而崩潰或重啟。

監測平台

雲端原生應用通常不是為虛擬機或物理硬體建置的，而是為提供強大且靈活抽象的管理平台而建置的，這些平台涵蓋計算、記憶體和資料。OpenTelemetry 提供了一些獨特的策略來幫助從這些平台蒐集遙測資料，值得花時間來熟悉這些策略。

Kubernetes 平台

總的來說，OpenTelemetry 透過兩種方式整合到 Kubernetes 生態系統中：一是透過工具監控和分析運行在 Kubernetes 叢集上的應用服務，二是透過蒐集關於 Kubernetes 元件本身運行情況的遙測資料。通常，為 Kubernetes 設計的雲端原生應用服務會與 Kubernetes API 互動，這使得這兩種類型的資料在調查性能問題、部署問題、擴展困難或其他營運環境事故時非常有用。

譯註　蒐集器版本 v0.92.0 已經宣告棄用壓艙物擴展功能（*https://github.com/open-telemetry/opentelemetry-collector/ releases/tag/v0.92.0*），改由 GOMEMLIMIT 環境變數來限制 Go 運行時最多配置使用的記憶體上限。

譯註　蒐集器當達到記憶體限制時，可以暫停接收新的遙測資料來處理。這主要是透過蒐集器的記憶體限制器擴展模組（*https://github.com/open-telemetry/opentelemetry-collector/tree/main/processor/memorylimiterprocessor*）來實現的。當記憶體限制器檢測到記憶體使用超過設定的限制時，它會拒絕處理器處理新的遙測資料，而接收器接收到這個錯誤，會應用反壓（backpressure）的方式，以減緩遙測資料流入處理器流水線的速度。

在這兩種情況下，Kubernetes 的 OpenTelemetry Operator（*https://oreil.ly/_5TcG*）能幫助你管理蒐集器實例，並自動化檢測運行在 pod 中的工作負載。

Kubernetes 遙測資料

Kubernetes 提供了多種事件、指標和日誌來幫助管理叢集。最近的版本還開始為 Kubelet 和 API 服務器等組件添加追蹤功能（*https://oreil.ly/oRSoU*）。OpenTelemetry 蒐集器可以接收這些訊號，處理之後將它們發送到分析工具中。

根據叢集的大小、規模和複雜性，你可以建立獨立的蒐集器部署，分別處理來自系統和應用元件的日誌、指標和追蹤。Operator 包含一個稱為目標分配器（Target Allocator，TA）的服務發現機制（*https://oreil.ly/5bq8k*），它允許蒐集器發現和搜羅 Prometheus 端點，並將這些搜羅任務均勻地分配到多個蒐集器上。

你還有另一個選擇。可以使用三個接收器來收聽叢集指標和日誌：k8sclusterreceiver（*https://oreil.ly/0c__c*）、k8seventsreceiver（*https://oreil.ly/Uhqoi*） 和 k8sobjectsreceiver（*https://oreil.ly/wbD7b*）。kubeletstatsreceiver（*https://oreil.ly/ys_GJ*）還可以拉取 pod 級別的指標。雖然可以同時使用這些接收器和 Operator 的 TA 的方法，但你應該選擇其中一種來使用。將來，我們預計社群會對單一接收器方法達成共識，但在撰寫本書時，仍有一些未知的問題存在。

Kubernetes 接收器現況為何？

OpenTelemetry 社群普遍認為監控叢集的最佳方法是透過接收器。然而，許多基於 Kubernetes 的應用程式因習慣而使用 Prometheus，並且 `kube-state-metrics` 和 `node exporter` 擴展功能已在現有安裝中廣泛採用。如果你需要一個可以與現有應用程式和叢集配合工作的方案，Operator 目標分配器是一個不錯的選擇，但如果你正在進行 Kubernetes 和 OpenTelemetry 的全新部署，接收器可能會更適合你。你可能會注意到蒐集器的接收器和 Prometheus 之間的遙測資料蒐集方面有一些不同。如果你想動手體驗，本書的 GitHub 程式碼版本庫中提供了一個完全基於 OpenTelemetry 日誌和指標蒐集器的範例。

Kubernetes 應用程式

OpenTelemetry 不在乎你的應用程式在哪裡運行，但 Kubernetes 提供了豐富的元資料，這對於構建基於 OpenTelemetry 的檢測工具非常有價值。如果你正在這樣做，第 5 章中的大多數建議都適用，但當與 Operator 配合使用時，運行在 Kubernetes 叢集中的現有應用程式可以利用一些額外的優勢。

正如前文所提，目標分配器允許發現叢集內需要監控的項目。Operator 還提供了一個自定義資源來檢測（*https://oreil.ly/i2OPg*），可以讓你將 OpenTelemetry 自動檢測工具軟體包注入到 pod 中。這些軟體包可以為現有的應用程式程式碼添加追蹤、指標或日誌的檢測工具，取決於它們的具體功能。通常情況下，一次只能使用一種自動檢測工具，而專有檢測工具代理服務將與 OpenTelemetry 的代理服務發生衝突。

一些關於蒐集器架構的營運環境部署提示：

- 在每個 pod 中使用邊車^{譯註}蒐集器作為遙測資料的第一站。將遙測資料從處理程式和 pod 中轉移到邊車中，可以減輕業務服務的記憶體負擔，從而簡化開發和部署。這還允許在遷移或釋放期間更順利地關閉 pod，因為處理程式不會因繁忙的遙測端點而被迫等待。

- 按訊號類型拆分蒐集器，使它們能夠獨立擴展。你也可以根據使用模式為每個應用程式甚至每個服務建立資源池。日誌、追蹤和指標處理在資源消耗和限制上各不相同。

- 我們建議明確分開遙測資料建立和遙測資料配置。例如，應在蒐集器上執行資料刪除和取樣，而不是在處理程式中。將寫死的配置放在處理程式中會使得在營運環境中調整變得困難，因為需要重新部署服務，而調整蒐集器配置通常更容易。

無伺服器平台

無伺服器平台如 AWS Lambda 和 Azure Cloud Functions 已經很明顯的普及，但它們也帶來了可觀測性的挑戰。開發者喜歡它們的易用性和明確的結構，但由於它們是按需使用且生命週期短暫，你將需要專門的工具來獲取準確的遙測資料。

譯註　邊車（Sidecar）這個詞源自於摩托車旁邊附加的小車廂，延伸到軟體架構中，是指一種設計模式，將一些輔助功能（如監控、日誌蒐集、配置管理等）以單獨的處理程式運行，並與主應用程式容器一起部署。這樣的設計能讓主應用程式更加專注於其核心功能，而輔助功能則由邊車容器來處理。邊車蒐集器可視為一種代理服務（Agent）。在這種情況下，邊車蒐集器充當主應用程式和遙測資料後端系統之間的中介，負責蒐集、處理和轉發遙測資料。

除了標準的應用程式遙測之外，無伺服器平台可觀測性還需要關注以下幾點：

調用時間

　　函數運行了多長時間？

資源使用情況

　　函數使用了多少記憶體和計算資源？

冷啟動時間

　　當函數最近未被使用時，需要多長時間啟動？

這些指標應該可以從你的無伺服器提供商處獲取，但如何獲取應用程式本身的遙測資料呢？像 OpenTelemetry Lambda 層（*https://oreil.ly/T06_m*）這樣的工具提供了一種方便的方法來捕捉 AWS Lambda 調用的追蹤和指標資料，但別忘了，它們會產生一定的性能開銷。

如果無法使用 Lambda 層，請確保你的函數在遙測資料匯出完成後再結束，並在將控制權返回給函式調用庫之前，停止記錄 Span 或測量值。嘗試預先計算在每次調用之間不會改變的字串或複雜屬性值，這樣可以快取它們。為了避免遙測資料排隊等待匯出，可以將一個專門接收這些函數遙測資料的蒐集器部署在「靠近」它們的位置。

最終，你的無伺服器基礎設施觀測策略，取決於這些函數在你的應用程式架構中所扮演的角色。你可以跳過直接追蹤 Lambda 調用（或者只是透過它們傳遞標頭），並透過屬性或 span 事件將 Lambda 與其呼叫的服務連接起來。然後你可以使用 Lambda 服務日誌來定位特定的執行，並獲取更多有關故障或性能異常的詳細內容。如果你有一個基於 Lambda 或其他無伺服器平台的複雜非同步工作流，你可能會對請求本身結構的詳細內容感興趣；我們會在下一節中詳細討論。

佇列、服務匯流排和其他非同步工作流

許多現代應用程式是為了利用事件和佇列平台（例如 Apache Kafka）而開發設計的。這些應用程式的架構通常圍繞著在佇列上發布和訂閱主題的服務。這為可觀測性帶來了幾個有趣的挑戰。與「傳統」請求 / 回應架構相比，追蹤這些交易可能不那麼有用，因為往往不清楚何時某個請求處理結束。因此，你需要對你的可觀測性目標、想要優化的內容以及能夠優化的內容做出許多決策。

設想有一筆銀行貸款。從業務的角度來看，這筆交易從客戶填寫貸款申請表開始，到他們的付款發放結束。這個流程可以在邏輯上模擬，但技術上的工作流程機制會干擾這個模型。在圖 7-4 中，我們展示了幾個服務及一個佇列，它們都在操作這筆交易。儘管業務流程相當簡單，但技術流程需要涵蓋各種變化和差異，這絕非易事。

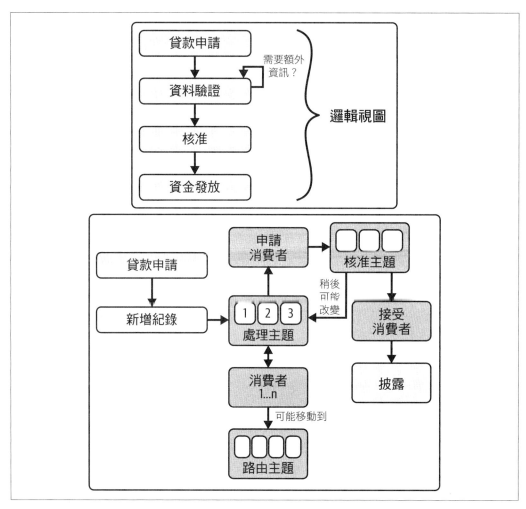

圖 7-4　銀行交易的業務流程（上）與其技術流程（下）

畫出類似的系統架構圖有助於確定你是否處於這種情況。你的系統中是否有許多服務在處理單個紀錄？這些服務是否需要人工干預才能繼續？你的工作流是否在同一個地方開始和結束？如果你的工作流程圖看起來不像一棵樹而更像是「樹中樹」^{譯註}，你很可能有一個非同步工作流。

另一種確定方法是問自己你對跟蹤哪些指標最感興趣。你想知道在工作流程中完成了多少步驟，還是某個步驟所花費的中位時間？你是否關心一個服務處理一個紀錄所花費的時間以及處理該紀錄的總時間？如果是這樣，你需要一些創意。

不要把任何高度非同步的工作流程視為單個追蹤，而應把它視為許多子追蹤，透過自訂關聯 ID，即確保在一組追蹤中的每個父級 Span 上，都有一個唯一的屬性，通常會藉由行李（Baggage）傳播；或透過 Span 連結傳播的共享追蹤 ID，來連接到一個起點。自訂關聯 ID 是指確保在一組追蹤中的每個父級 Span 上都有的唯一屬性，通常利用行李傳播。*Span* 連結（*https://oreil.ly/JcWS4*）允許你在沒有明確父子關係的 Span 之間建立因果關係。以這種方式使用連結的優點是，你可以計算出有趣的資料，例如工作在隊列中等待服務的時間量。

在我們的銀行貸款例子中，你可以將初始追蹤（即建立並放置在隊列上的交易）視為「主要」追蹤，並讓每個追蹤的終端 Span 關聯到下一個根 Span。這需要服務把從傳遞訊息中接收到的 Span 上下文內容當作關聯而非延續舊的 Span，並在關聯到舊的追蹤時啟動一個新的追蹤。由於這種關係是從新追蹤而不是舊追蹤開始的，你將需要一個能夠反向發現這些關係的分析工具，即找到所有關聯在一起的追蹤，然後從結束到開始重新建立整個過程。建立這種關聯的通用工具是具有挑戰性的，這就是為什麼這類工具比較少見；然而，對這類可視化和發現 Span 關聯的支持正在改善。（見附錄 B 了解有關可觀測性前端的資源連結。）

並非所有非同步請求處理中的子級追蹤都一樣有用。在這裡，仔細使用蒐集器的過濾器和取樣器可能非常有幫助，特別是當你知道自己感興趣的問題類型時。由於蒐集器允許將 Span 轉換為指標，你可以過濾掉特定的子級追蹤，並將它們轉換為計數或直方圖。如果你已經將這些追蹤關聯在一起，則還可以將父級追蹤 ID 作為屬性拉進來並放置在指標上。想像一下，你有某種扇出 / 扇入的工作，比如搜索或批處理作業：你可以將所有子級 Span 轉換為一個直方圖，按該特定作業完成所花費的時間分桶，然後完全刪除子級 Span。這樣可以保留根 Span（及其後續的任何子級 Span），同時保持其相關工作的準確計數和延遲。

譯註　**樹中樹**是一個比喻，用來形容結構複雜的工作流程。這裡的**樹**，通常指的是層次結構或樹狀結構，常見於工作流程或資料結構中。如果一個工作流程有很多分支，每個分支又有自己的分支，這些結構層層疊疊，最終就會形成一個更複雜的結構，就像是樹中樹，代表著工作流程中有多層次、多階段的操作和依賴。

總結

基礎設施可觀測性最能為你帶來利益的時候，是在你開始實施之前對目標就有清晰和簡明的想法。與此相比，應用程式和服務的可觀測性相對來說要容易得多。一般來說，應用程式可觀測性的檢測策略不一定適用於 VM、托管資料庫或使用無伺服器技術的事件驅動架構。本章最重要的一點是，你的基礎設施可觀測性策略應該由你的整體可觀測性目標推動，並與組織利用系統生成的可觀測性資料的激勵措施相配合。在這種情況下，「以終為始」可以讓你專注於重要的事情，以及你的團隊實際能夠使用的東西。

第八章

設計遙測流水線

計畫總是沒有用，但制定計畫卻是不可或缺的。

— President Dwight D. Eisenhower [1]

在前面的章節中，我們專注於管理那些發出遙測資料的元件：應用程式、函式庫、服務和基礎設施。現在讓我們轉向管理已蒐集的遙測資料。從每個應用程式、服務和基礎設施元件蒐集和處理遙測資料是一項持續的、高吞吐量的操作。像任何其他重要的分散式系統元件一樣，設計一個總是能提供足夠資源，同時又能將成本降至最低的遙測資料流水線，需要仔細的規劃。

當遙測資料丟失時，你的可觀測性也會隨之丟失。由於系統發出的遙測資料量與系統負載成正比，維運人員需要一個詳細的操作指南，以便在突發流量峰值和應用程式行為變化時，擴展遙測資料流水線。

如果你計畫管理遙測資料流水線，本章適合你。我們將討論隨著系統增長你可能想要採用的最常見遙測資料流水線。我們還會討論你可能希望遙測資料流水線執行的各種處理方式。章節最後，我們會特別關注如何在 Kubernetes 中管理蒐集器。

1　Quoted in Richard M. Nixon, Six Crises (Garden City, NY: Doubleday, 1962).

常見拓樸

有時，系統已經夠簡單或新穎，不需要進行遙測管理。但隨著系統在複雜度和規模上的增長，這種情況很少會保持不變。隨著系統的規模和流量增加，你可以在遙測流水線中添加額外的元件來管理負載。我們將以蒐集器作為主要元件，從最簡單的設置開始，逐步添加不同角色的蒐集器來執行各種任務。

沒有蒐集器

和任何程式一樣，蒐集器消耗資源並需要管理。但它是一個可選元件；如果它沒有提供任何價值，你不必運行它。如果有需要，你可以隨時添加蒐集器。

如果所發出的遙測資料需要很少甚至不需要處理，將 SDK 直接連接到後端而不使用蒐集器，可能是有意義的。圖 8-1 說明了這種簡單的設置。

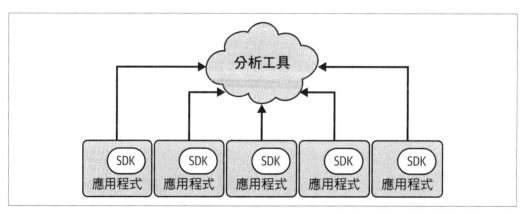

圖 8-1　應用程式將遙測資料直接發送到所使用的分析工具

這種設置唯一缺少的是主機指標，例如 RAM、CPU、網路和系統負載。一般來說，不建議透過應用程式來蒐集主機指標，這樣做會消耗應用程式資源，而且許多應用程式運行時難以正確報告這些指標。因此，為了使這種簡單設置有效，請透過其他渠道報告你的主機指標。例如，你的雲端提供商可能會自動蒐集它們。

這種缺少主機指標的情況引出了第二種設置：運行本地蒐集器。對於大多數系統來說，這實際上是一個更好的起點。

本地蒐集器

在應用程式所在的同一台機器上運行本地蒐集器有許多好處。從應用程式運行環境中有效地蒐集主機指標可能很困難,因此觀察主機機器是運行本地蒐集器的最常見原因。圖 8-2 展示了這種設置。

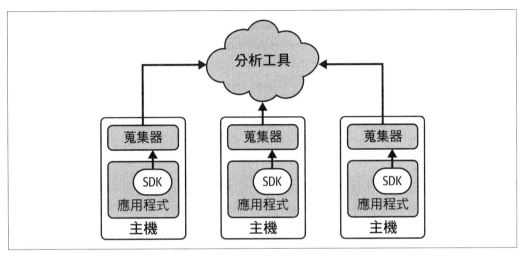

圖 8-2 應用程式將遙測資料發送到本地蒐集器,該蒐集器同時還蒐集主機指標。

除了蒐集指標之外,運行本地蒐集器還有以下幾個額外的優勢:

蒐集環境資源

環境資源是描述遙測資料來源的關鍵屬性。通常可以從雲端提供商、Kubernetes 和其他基礎設施來源獲取這些資源。儘管這些資源非常有價值,但獲取它們通常需要 API 或呼叫系統底層指令。這個過程需要時間,在某些情況下,API 呼叫可能需要重試或完全失敗。這可能導致應用程式啟動延遲。如果將這些資源的蒐集工作委派給本地蒐集器,應用程式可以立即啟動。

避免因崩潰導致的資料丟失

遙測資料通常是以批次方式匯出。這種方式很高效,但也帶來了一個問題,如果應用程式崩潰,尚未匯出的遙測資料將會丟失。當將資料匯出到遠端接收器時,可以使用較大的批量大小來提高傳輸效率。但如果應用程式崩潰,你將丟失更大批次的遙測資料。考慮到在調查崩潰時日誌資料的重要性,這可能會成為一個大問題!

解決方案是將應用程式上的匯出批量大小和時間窗口設置得非常小，這樣遙測資料可以快速從應用程式轉移到本地蒐集器。由於蒐集器位於同一主機上，這是一個快速且可靠的資料傳輸位置。然後，你可以配置本地蒐集器，以更適當的方式批量資料並發送到遠端目的地。這是一個雙贏的局面。

隨著時間推移和遙測流水線變得更加先進，它往往會進行更多的處理、過濾和取樣。一般來說，蒐集器在執行這些操作方面比各個語言的 SDK 更加穩健和高效。但將這些工作從 SDK 中分離出來並放入蒐集器中還有其他原因。大多數的遙測資料管理，包括管理遙測資料的流向、所需的格式以及需要進行的處理，並不針對單個應用程式。相反地，這些應在整個部署的所有服務中進行標準化處理。

將遙測配置與應用程式配置混在一起會很混亂。首先，這意味著每次遙測配置更改時，你都需要重新啟動應用程式。這也使得在整個叢集中協調遙測變更會更加困難，因為應用程式配置是由各個團隊自行管理的。

大型組織一般有一個可觀測性或基礎設施團隊來管理遙測配置選項。但即使在採用 DevOps 方法且沒有集中管理團隊的組織中，將遙測資料的處理視為獨立服務來處理會更好，特別是以蒐集器為中心時，會更加便捷。

團隊可以一起建立共享知識庫，包括 Collector 管理的部署策略和工具。理想情況下，你可以設計本地 Collector 的部署，以避免必須重新部署在同一台機器上運行的所有應用程式。但即使蒐集器的部署與應用程式部署綁在一起，使用集中式程式碼版本庫也能讓團隊輕鬆部署最新版本的蒐集器，並配置正確的設置。

一旦設置了本地蒐集器，SDK 配置將變得更加簡單和穩定。你可以使用預設配置的 OpenTelemetry 協議（OTLP），透過 HTTP 發送到標準的本地蒐集器地址，而不需要任何其他匯出器或擴展功能。唯一需要自定義的配置應該是降低批量大小和匯出超時，如前所述。

最後，你可以將組織的預設 SDK 設置打包成函式庫，並將其添加到共享知識庫中。這將使你的 OpenTelemetry 設置變成一行操作，你只需將其複製並貼上到每個應用程式中。這個共享軟體包還能確保每個應用程式都保持最新的 OpenTelemetry 版本。

蒐集器池

對於許多組織來說，使用本地蒐集器是一個足夠的起點。然而，對於大規模維運的系統來說，在流水線中添加多個蒐集器池是一個非常有吸引力的選擇。蒐集器池是一組蒐集器，每個蒐集器運行在自己的機器上，並使用負載均衡器來管理和分配流量。圖 8-3 展示了這種設置。

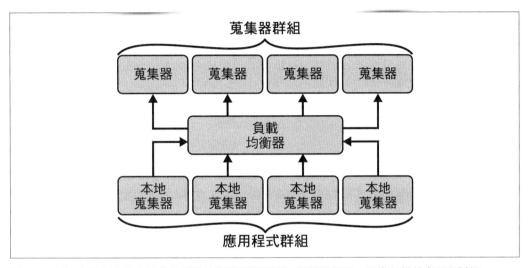

圖 8-3　每個應用程式的本地蒐集器將遙測資料發送到一個蒐集器池，以進行額外處理和緩衝。

運行蒐集器池有很多好處。首先，這意味著你可以使用負載均衡來處理反壓，當生產者開始以比消費者更快的速度發送資料時，就會出現反壓。應用程式並不會穩定地發出遙測資料。根據它們的流量水平和設計，有時應用程式會突然發出大量的遙測資料。如果這些突發流量產生的遙測資料比分析工具能夠處理的速度更快，就可能填滿本地蒐集器中的緩衝區，以至於必須開始丟棄資料以避免記憶體耗盡。

蒐集器池允許你為你的遙測流水線添加額外的記憶體。負載均衡器能夠減少由突發流量引起的遙測資料峰值，將資料均勻地分布到各個蒐集器，以最大化可用記憶體。由於 OTLP 是無狀態的，這種類型的分散式記憶體緩衝區簡單易於部署、管理和擴展。（有關更多詳細內容，請參見第 122 頁的「緩衝和反壓」。）

資源管理

處理遙測資料會消耗資源。保存遙測資料需要記憶體，而轉換遙測資料需要 CPU 週期。當本地蒐集器使用這些資源時，它們就不再可供在同一台機器上運行的應用程式使用。

本地蒐集器有兩個主要目的：允許應用程式快速釋放它所產生的遙測資料，以及蒐集主機指標。任何超出這兩項任務的額外處理都可以交由蒐集器池來完成。由於這些蒐集器運行在獨立的機器上，它們不會與應用程式爭奪可用資源。

蒐集器池是負載均衡的，這使得每個蒐集器的資源消耗相對均勻和可預測。這有兩個優點。

首先，你可以準確地將這些蒐集器所配置的資源與為它們分配的機器規格匹配。這允許它們運行在具有最少餘量^{譯註}的機器上，確保沒有資源浪費。這在本地蒐集器上很難做到，因為它必須與各種不同的應用程式共享資源。

其次，隨著時間的推移，你可以分析每個蒐集器池的平均吞吐量，並使用這些內容來調整池的大小，以提供系統所產生的所有遙測資料所需的吞吐量。

部署和配置

儘管運行本地蒐集器有助於分離遙測流水線與應用程式，但由於本地蒐集器必須運行在與應用程式相同的主機上，這意味著它們仍然相互糾纏。蒐集器池則是完全獨立的，因此基礎設施團隊可以管理它們，而無需在每次變更時都與各應用程式團隊協調部署。

譯註　餘量（Headroom）指的是系統資源的餘量，即在正常運行過程中，系統資源的可用餘量或緩衝空間。當我們說機器具有最小的餘量時，意思是這些機器的資源得到精確的配置，以便剛好滿足運行需求，沒有多餘的浪費資源。這樣可以確保資源的高效利用，避免資源閒置或浪費，大幅減低成本。

OpAMP 與未來

OpenTelemetry 目前正在開發一種透過控制層來管理蒐集器的協議。開放代理管理協議（Open Agent Management Protocol，OpAMP：*https://github.com/open-telemetry/opamp-spec/blob/main/specification.md*）將大大簡化跨蒐集器叢集進行配置變更和部署新蒐集器二進制檔案的過程，這與應用程式管理無關。它還將允許蒐集器報告負載和健康指標的情況。

這種方法將使基礎設施團隊能夠更加輕鬆地管理蒐集器，而無需打擾開發應用程式的團隊。更棒的是，你可以使用分析工具，這些工具接收蒐集器發送的內容來管理蒐集器。這將使你能夠緊密地耦合蒐集器和分析工具的配置。隨著你改變分析工具中資料的使用方式，蒐集器流水線可以自動更新以匹配。

這種緊密耦合在管理取樣時尤為重要，因為做出取樣決策時，一定會考慮遙測資料分析方式。每種分析形式都有一個最佳的取樣配置，能夠以最少的資料提供最大的價值——而這個最佳配置對人類來說是非常難以確定的。允許分析工具來控制取樣，將能實現細緻、安全且精確的取樣配置，這遠遠超出你自行管理的能力。

在撰寫本書時，OpAMP 還沒有準備好投入實際營運運作。但我們鼓勵你關注這個協議的發展，並在其可用時加以利用。

閘道器和專門的工作負載

在大多數情況下，即使有些應用程式透過 OTLP 推送遙測資料，而其他應用程式透過 Prometheus 蒐羅指標，使用單一的蒐集器配置來處理這兩者也是可以的。

然而，隨著你的流水線規模和複雜度不斷增加，添加專門的蒐集器池可能具有優勢。這些池可以根據需要互相連接，構建出更複雜但更易於維護和觀察的流水線。圖 8-4 顯示了專門流水線的可能樣貌。

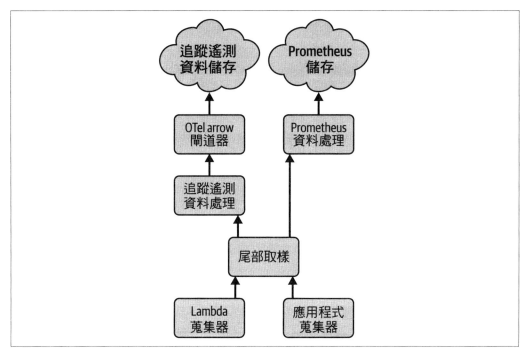

圖 8-4　由一個出口閘道器和幾個特定工作負載蒐集器池組成的流水線

以下是你可能想要建立專門蒐集器池的一些原因：

減少蒐集器二進制檔案的大小

通常情況下，大小不是問題。但在某些環境中，例如 FaaS，下載大檔案所需的時間和成本可能會成為問題。在這些情況下，你可能需要為該特定環境建立一個精簡版本的蒐集器，只包含所需的最少擴展功能套件，例如 OpenTelemetry Lambda 層（*https://github.com/open-telemetry/opentelemetry-lambda*）。

減少資源消耗

在某些情況下，兩個流水線任務對機器資源的利用方式非常不同。讓相同的蒐集器池執行這兩個任務可能導致不可預測的資源消耗，這比將兩個任務分開到不同的機器上需要更多的餘量。

在這些情況下，為每個任務建立單獨的蒐集器池可能更有意義——尤其是當只有一部分遙測資料需要其中一個任務時。在每個情況下，都要比較設立獨立池的網路成本與機器配置節省所帶來的收益。顯然，只有當系統足夠大，節省的成本足夠顯著時，這種關注點分離才是值得的。

尾部取樣

一般而言，尾端取樣需要構成一個追蹤的所有 Span 完成後才能做出取樣決策。蒐集器當前設計的尾端取樣演算法要求所有給定追蹤的 Span 必須匯集到同一個實例上才能做出決策。這需要建立一個專門管理流量的閘道器池，利用帶有負載均衡匯出的蒐集器，在多個蒐集器實例之間分配負載，確保 Span 發送到正確的實例，接著由另一個獨立的蒐集器池取樣操作。

請記住，尾端取樣的資源需求可能非常高，這取決於 Span 的吞吐量、屬性數量和取樣窗口。此處處理器的預設設置假設 30 秒的時間窗口內，記憶體中最多有 50,000 個 Span。這聽起來可能很多，但高度詳細的追蹤或複雜的系統很容易超過這個數量。我們見過在營運環境中單個追蹤包含數十萬個 Span，操作可能需要幾分鐘才能成功或失敗。下一節會更詳細地討論取樣。

後端特定工作負載

並不是所有的遙測資料都需要相同的處理。舉例來說，如果你使用 Prometheus 來蒐集指標資料，並使用 Jaeger 來蒐集追蹤資料，則追蹤和指標資料將發送到不同的後端。任何 Prometheus 特定的蒐集器擴展功能可以移動到一個在指標和追蹤資料分離之後，並且在指標資料發送到 Prometheus 之前運行的蒐集器池中。這樣可以幫助防止追蹤資料因反壓而受阻，或者與不適用於它們的工作負載爭奪資源。

減少出口成本

大多數雲端服務提供商會對網路出口收費，而大量遙測資料的傳輸可能會使這些成本變得很高。鑑於大多數分析工具運行與它們監控的應用程式是不同的網路區域，因此對於大型系統來說，高昂的出口成本很常見。

當長時間傳輸大量遙測資料時，我們建議使用專門的協議來壓縮資料，而不僅僅依賴於 OTLP 的 GZip 壓縮。本書撰寫時仍處於測試階段的 OTel Arrow 協議（*https://oreil.ly/otel*），就是一個例子。考慮到節省的成本，我們預計一旦 OTel Arrow 達到穩定狀態，將會得到眾多廠商和開源軟體的支持。

OTel Arrow 不好嘛？

你可能會問：如果 OTel Arrow 這麼高效，為什麼不在所有地方都使用它，而是使用 OTLP？原因有兩個。首先，為了實現高壓縮率，OTel Arrow 需要持續傳輸大量資料。其次，OTel Arrow 是一種有狀態協議。基於這些原因，它在負載均衡器、蒐集器池或發送相對少量資料的應用中效果不佳。這是一種專為高吞吐量閘道器設計的協議，適用於在穩定連接下傳輸大量資料。

流水線操作

每個系統都需要不斷發展，遙測也不例外。雖然手動調整每一個檢測工具來修改遙測資料可能是最佳解決方案，但這通常不可行。使用蒐集器流水線來更改遙測資料和協議，是在不造成停機或可觀察性盲區的情況下調整可觀測性系統的重要部分。在本節中，我們將回顧使用蒐集器時可用的操作類型。

過濾和取樣

任何管道的第一步應該是去除你絕對不想要的內容。你可以使用過濾器來完全刪除流水線中的特定日誌訊息、Span 或指標測量工具。在 OpenTelemetry 中，過濾器作為處理器來實現，但根據遙測類型和它們所在的位置（在 SDK 或蒐集器中），使用方式會有所不同。

首先要知道的是，過濾和取樣雖然都會移除資料，但它們的工作方式不同，目的也不同。過濾是根據一組規則來完全移除特定類型的遙測資料。取樣是識別統計上具有代表性的一部分資料並移除其餘部分。

例如，許多微服務架構會公開一個健康檢查端點（如 /health 或 /healthz），外部監控腳本或掛勾會定期檢查這些端點。追蹤健康檢查通常沒有太大價值，因此很容易過濾掉，維運人員不會基於這些端點設置警報或關心其延遲狀態。藉由在遙測流水線的早期階段過濾掉這些健康檢查的追蹤資料，可以減少噪音並降低成本。

過濾噪音

健康檢查產生的噪音是如此普遍的麻煩，因此有預先定義的處理器可以根據與健康檢查和合成監控相關的常見屬性而過濾。有關如何設置這些過濾器的範例，請參見 OpenTelemetry 演示專案中的負載生成器（*https:// oreil.ly/R9ee4*）。

在其他情況下，一個系統可能有一些非常有價值但也極為普遍的操作需要監控，例如網站首頁的 GET 請求。如果請求的數量夠多，即使是罕見的異常事件也會變得極為頻繁，以至於能在統計取樣中捕捉到。藉由僅傳輸這些取樣請求，你可以在可觀測性損失很小的情況下實現顯著的成本節約。

你還可以基於允許列表過濾。在這種方法中，與其寫一個過濾器來移除某些 Span，不如寫一個過濾器僅允許特定名稱或屬性的 Span 通過。

你可以在 SDK 和蒐集器中實現大多數過濾策略。一般來說，在蒐集器中處理這些過程比在 SDK 中處理更好，這樣可以在開發人員和平台工程師或 SRE 之間建立清晰的關注點分離，並且可以在不重新部署程式碼的情況下自定義你的流水線。然而，如果你將 SDK 包裝或作為內部可觀測框架的一部分來分發，在程式碼級別進行「初步」過濾就是合理的。這樣做可以節省資源，並減少網路開銷，因為不會產生那些不用蒐集的 Span。

取樣與過濾不同，其目的是減少流水線需要處理的總資料量。取樣應該像過濾一樣，應在流水線的早期進行，以避免浪費時間處理那些不會匯出的遙測資料。大體上，你可以使用三種取樣策略：基於頭部的取樣、基於尾部的取樣和基於儲存的取樣。

基於頭部的取樣

在追蹤開始時進行取樣決策，通常採用 1/10 或 1/100 的比例。我們不建議在 OpenTelemetry 中使用頭部取樣，因為這可能會錯過重要的追蹤紀錄。

基於尾部的取樣

等待追蹤完成後再做取樣決策。這種策略允許你保留特定子集合的追蹤紀錄，例如那些包含錯誤或對應於特定用戶的追蹤紀錄。

在分析工具中實施，而不是在遙測資料流水線中。這種方法使用多種儲存類型來提供不同的功能。例如，一個系統可能會在一個支持實時查詢和除錯工作流程的系統中儲存 100% 的遙測資料一週，以便解決緊急情況並發現系統故障的根本原因。一週後，將刪除大部分遙測資料，只保留一小部分統計樣本以供歷史查閱。雖然這種方法不會減少將遙測資料發送到分析工具的成本，但它確實在功能和儲存成本之間取得了最佳平衡。

何時以及如何使用這些取樣策略通常是個難題。更糟的是，實施不當或錯誤的取樣可能會對你的系統可觀測能力產生嚴重影響。

過濾很容易；取樣很危險

過濾遙測資料通常很簡單，只要丟棄你不打算使用的任何資料即可。但何時以及如何取樣則是一個較為困難的問題。事實上，如何正確地進行遙測資料取樣是所有可觀測性問題中最令人困惑和棘手的問題之一！不幸的是，應該使用什麼取樣技術以及如何配置？這個問題其實沒有統一的答案，這在很大程度上取決於資料量和所進行的分析類型。

例如，如果你只對平均延遲隨時間的變化感興趣，基於頭部的取樣是一種非常有效的成本控制策略。隨機抽樣的追蹤可以很容易地得出隨時間變化的平均值。你應該取樣多少百分比的追蹤？這取決於你希望平均值的詳細程度。取樣率越低，可用的資訊越少，曲線就會越平滑。

但是，如果你不僅關心平均延遲呢？如果你也關心錯誤呢？有些錯誤可能足夠常見，能夠記錄在隨機取樣。但總會有一些關鍵錯誤，它們的發生頻率太低，導致在取樣中被完全忽略。你錯過了多少錯誤，取決於你設置的取樣率。

當然，錯過任何錯誤對可觀測系統來說都是不好的品質！相反地，等待一個追蹤完成，並且僅在其不包含錯誤時取樣可能會更好。這種方法無法藉由基於頭部的取樣實現。相反地，你需要使用基於尾部的取樣。但這帶來了另一個問題：基於尾部的取樣只能在所有 Span 都發送到同一個蒐集器時，才能在返回完整追蹤紀錄之前檢查錯誤。由於分散式追蹤中的所有 Span 都來自不同的服務，將它們全部蒐集到一個地方會干擾負載均衡。此外，這會消耗更多資源，因為每個追蹤中的所有 Span 必須在記憶體中保存直到追蹤完成。根據系統的形狀和成本權衡，基於尾部的取樣可能會在機器資源方面比你節省的網路出口成本更多。

如果你希望在排查實時系統時能夠訪問所有的追蹤紀錄（這非常有幫助！）則在將遙測資料發送到分析工具之前，不能進行任何取樣。記住，追蹤紀錄是內容豐富的上下文資訊且組織良好的日誌，使你能夠輕鬆找到導致錯誤或超時的所有事件。如果對日誌取樣看起來是不好的，那麼為什麼要對追蹤紀錄取樣呢？

取樣的未來在於自動化

正確的取樣配置既依賴於所使用的分析工具，又依賴於其當前的配置方式，以至於人工維運人員幾乎無法找到最佳的取樣方案。讓分析工具直接控制取樣會更好。這樣可以讓一套細緻的取樣規則隨著分析工具和觀測系統的變化不斷更新，並確保取樣方式不會損害可觀測性。即將推出的 OpenTelemetry 的 OpAMP 協議就是專門為了允許分析工具以這種方式控制取樣而設計的。

一般來說，我們不建議在出口和儲存成本變得顯著之前取樣。在沒有先與你使用的分析工具的供應商或開源項目諮詢之前，切勿實施任何形式的取樣。避免過度使用檢測工具，積極過濾掉你無法使用的遙測資料，以及採用高度壓縮的閘道器協議（例如 OpenTelemetry Arrow），這些都是降低觀測成本更簡單和更安全的替代策略。首先應該考慮這些策略。

發現未使用的遙測資料

有幾種常見的方法可以用來發現未使用的遙測資料。第一種方法是對比你的遙測資料流與實際在儀表板和查詢中使用的資料。你可以使用一些腳本來自動化這個過程，例如，透過分析 Grafana 實例中的所有查詢儀表板，並比較它們與正在蒐集的指標名稱和屬性。然後，你可以編寫過濾規則來丟棄未使用的遙測資料流。更進階的方法包括將遙測資料添加到佇列中，並為你的輸入資料流設置存活時間（Time-To-Live），如果它們在一定時間內未被存取，則將其刪除。另一種策略是批次處理並重新聚合你的遙測資料，以減少不同事件的數量。例如，你可以將許多獨特的 Kubernetes 指標透過組合屬性轉化為一個，或者將數十筆日誌轉化為一個單一的指標。

這些技術通常需要大量工具和自定義程式碼的投資。支持它們的純開源解決方案很少，許多供應商都提供獨立或整合的解決方案來解決這個問題。

轉換、清理和版本管理

當你消除了不需要的資料後，你需要處理剩下的資料。這就是轉換的作用——修改屬性或遙測訊號本身。

一個最常見的轉換是修改發送的遙測資料屬性值。你可以移除或模糊處理敏感內容，透過組合現有屬性值來建立新的合成屬性，或者使用架構轉換來確保 OpenTelemetry SDK 不同版本之間的語意約定屬性一致。你還可以添加新的屬性。例如，k8sattributes 處理器可以查詢 Kubernetes API 服務器以獲取相關屬性，然後將它們添加到特定 Pod 發送的遙測資料中，即使該 Pod 中運行的服務不知道它在哪裡或如何運行。

操作順序很重要

使用基於尾端的取樣進行轉換時要特別小心！某些處理器需要取樣過程中已移除的上下文內容，而某些取樣演算法可能需要由轉換過程中添加或修改的屬性。在這種情況下，你的流水線應該是這樣的：**過濾 -> 轉換 -> 取樣 -> 匯出**。

某些特定的轉換（*https://oreil.ly/Y6DL4*），如編輯處理器（Redaction processor），僅在蒐集器中可用。另一個蒐集器獨有的功能是能夠在不同類型的遙測訊號之間轉換，例如將 Span 轉換為指標。連接器（Connector，*https://oreil.ly/5dR-9*）允許你在不同的蒐集器流水線之間接收和發送遙測訊號。你可以利用連接器從現有的指標產生新的指標，將追蹤組合轉換為直方圖，分析日誌並從中產生指標等。

在遙測訊號轉換時，需要注意兩件事。首先，轉換越多，消耗的資源越多。複雜或繁重的轉換會增加記憶體和 CPU 性能的負擔，屆時可能需要擴大蒐集器池的規模。其次，轉換越多，遙測訊號可操作的時間就越長。通常來說，最好一開始就把事情做好，並使用屬性轉換來規範那些無法在源頭修正的遙測訊號。

儘管如此，訊號轉換仍然可以是成本控制策略中非常有效的一部分。例如，將追蹤轉換為指標可以讓你以極低的成本長期儲存這些指標，而不必保留原始的追蹤資料。同樣，將日誌轉換為指標，是一種操作 Web 服務器或資料庫等資源日誌經濟實惠的方式。

使用 OTTL 進行遙測轉換

轉換處理器（*https://oreil.ly/y2lmF*）負責在遙測資料通過蒐集器時修改。這些轉換規則針對單一訊號，以 YAML 格式定義。例如，你可以使用轉換處理器從日誌內容中移除或添加屬性，修改內容正文，或編輯不應保留的資訊。如果你想對不同類型的訊號進行相同轉換，則需要為每個訊號定義這些規則。

該處理器可以執行許多功能，包括將現有的日誌轉換為符合 OpenTelemetry 語意約定格式（*https://oreil.ly/k22wV*）的新日誌。我們在 GitHub（*https://oreil.ly/bDqqi*）上提供了一個範例供你參考和運行，但解釋一些可能不易察覺的細節會很有幫助。

該範例部署是為了展示如何將從日誌中接收的屬性，重新映射成符合 OpenTelemetry 語意約定的格式，例如那些由 Nginx 發出的屬性。AWS 提供了 OTLP 格式的 CloudWatch 指標串流，但這些指標串流無法將屬性重新映射到 OpenTelemetry 語意約定的格式，因此你需要使用 OpenTelemetry 轉換語言（OTTL）（*https://oreil.ly/P2YZ8*）來進行此映射。日誌在 OpenTelemetry 中可以用多種方式處理；在這個例子中，我們使用了一個文件日誌接收器，當文件寫入時，它會逐行讀取。在讀取的過程中，它會逐行傳遞給能解析輸入資料的模組。蒐集器使用 Stanza 進行日誌解析（*https://oreil.ly/stnza*），這是一個快速且高效率的 Golang 日誌處理器。[2]

在下面的程式碼片段中，你可以看到轉換處理器是如何工作的：

```
processors:
  transform:
    error_mode: ignore
    log_statements:
      - context: log
        stagements:
          - set(attributes["http.request.method"], attributes["request"])
          - delete_key(attributes, "request")
```

在這個例子中，我們將 Nginx 訪問日誌（`request`）中的值複製到相應的語意屬性中，然後刪除非標準屬性。不過，這並不是執行這類轉換的唯一方法——在 *collector-config.yaml* 文件中，你可以看到使用了 `nginx` 接收器來監聽通過 `nginx` 狀態模組公開的統計資料。這個接收器將從該端點蒐羅的資料轉換為相應的指標。

2　你可以在 Stanza 的 GitHub 程式碼版本庫（*https://oreil.ly/stnzadx*）中找到有關各種 Stanza 配置選項的詳細解析。

隱私和區域性法規

隨著網際網路的發展，定義資料傳輸和儲存方式的規則和法規也在演變。由於遙測資料可能包含個人身分資訊（PII）並跨越區域邊界，這些規則將與你的遙測流水線直接相關。

由於這些規則具有區域性，因此它們會根據資料的來源和目的地而有所不同。蒐集器是管理資料清理和路由的理想位置，這些通常是法規所要求的。雖然我們不能給出具體的建議，但還是建議你在構建遙測流水線時考慮這些規則。

緩衝與反壓

遙測會產生大量的網路流量，且這些資料非常重要——你不希望丟失任何資料。這意味著你需要在流水線中有足夠的資源來緩衝或暫時將資料保存在記憶體中，以應對暫時的流量高峰或意外問題導致的反壓。這也意味著當系統流量超過當前的緩衝能力時，你需要能夠迅速擴展可用資源的方法。

請記住，蒐集器不僅僅是用於資料轉換！在許多方面，管理反壓和避免資料丟失是遙測流水線最重要的功能。

更改協議

流水線的最終階段是匯出。你會將資料放在哪裡？這裡不會推薦具體的解決方案，因為這取決於你的組織需求，但我們會給出一些建議。

「預設」的開源可觀測性堆疊包括 Prometheus、Jaeger、OpenSearch 和 Grafana。這些工具允許你接收、查詢和可視化指標、追蹤和日誌資料。你也可以將資料匯出到支持 OpenTelemetry 的多種商業工具中。

有趣的地方在於設計流水線，使其能根據遙測資料本身的內容來決定資料的匯出位置。像路由處理器（*https://oreil.ly/5sESM*）這樣的處理器允許你根據遙測資料的屬性來指定目標地。例如，你有一個免費版和付費版的產品，並希望優先處理與付費用戶相關的遙測資料。透過配置路由處理器來尋找對應使用者類型的屬性，你可以將付費使用者的流量發送到提供更強分析能力的商業工具，而將免費用戶的流量發送到一個功能較簡單的工具。

你還可以在匯出時發揮創意，以便進一步追蹤特定的系統架構。假設你有一個任務需要完成變動的步驟數。如果你想知道平均步驟數，將這些請求處理的 Span 路由到一個佇列中，這樣就可以建立一個直方圖，顯示有多少請求處理落在每個步驟桶中。你甚至可以記錄追蹤資料作為每個桶的樣本資料。

你還可以使用這種策略來測量間隔，或透過計算追蹤資料中相鄰 Span 的開始和結束時間之間的差異來測量處理時間。這些計算結果可以在最終匯出時添加到 Span 中，或者作為指標發送。

最終，你所匯出的資料內容和方式會根據你的需求和期望而有所不同。OpenTelemetry 的一大優點是，你可以藉由幾行配置來改變遙測資料的去向，這使得從自我管理的開源解決方案擴展到更強大的商業級服務變得非常容易。

蒐集器安全性

部署和維護蒐集時，要像對待其他軟體系統一樣關注安全性。當我們在 2024 年撰寫這本書時，OpenTelemetry 項目正在制定安全最佳實踐指南，不僅針對蒐集器，還包括生態系統中的其他元件。請務必查看 OpenTelemetry 官網（*https://opentelemetry.io*）和說明文件（*https://opentelemetry.io/docs*），以獲取更多資訊和更完整的安全指南，這裡我們將概述一些常見的最佳實踐。

確保監聽本地流量的蒐集器不將其接收介面綁定到開放的 IP 地址。例如，應使用 `localhost:4318`，而不是 `0.0.0.0:4318`。這有助於防止未經授權的第三方發動拒絕服務攻擊。

對於接受廣域網路（WAN）流量的蒐集器實例，始終使用 SSL/TLS 來加密網路上的資料。你可能還希望為內部接收器設置基於 TLS 和證書的身分驗證和授權，以確保只有授權的流量發送到指定的蒐集器，並減少未經編輯的個人身分資訊（PII）暴露的風險。

Kubernetes

Kubernetes 普及到需要特別關注的程度。因此，本章在談論流水線的最後，將簡要介紹如何使用 OpenTelemetry Kubernetes Operator（*https://oreil.ly/edwNa*）來管理 Collector。

你可以透過 kubectl 或 Helm chart（*https://oreil.ly/JFMEd*）來安裝 OpenTelemetry Kubernetes Operator。它支持多種部署類型，包括：

- DaemonSet：在每個節點上運行一個蒐集器
- Sidecar：在每個容器中運行一個蒐集器
- Deployment：運行一個蒐集器池
- StatefulSet：運行一個有狀態的蒐集器池

DaemonSet 和 Sidecar 是運行本地蒐集器的有效方法。DaemonSet 可能更高效能，因為一個節點上的所有 Pod 都可以共享同一個蒐集器。雖然 Deployment 和 StatefulSet 都運行蒐集器池，但幾乎所有的蒐集器設計都是無狀態的，因此我們推薦使用 Deployment。

你也可以使用 OpenTelemetry Kubernetes Operator 將自動檢測工具注入應用程式並配置。這是一個快速啟動和運行 OpenTelemetry 的好方法。到本書撰寫時為止，OpenTelemetry Kubernetes Operator 支 持 Apache HTTPD、.NET、Go、Java、nginx、Node.js 和 Python，而自動檢測可能只有 kubectl 能安裝。

管理遙測成本

在過去的幾年中，許多軟體公司都集中精力在削減成本和提高效率。這些組織經常花費大量時間檢查其監控和可觀測性計畫，以尋找潛在的節省可能。我們在本章前面討論過控制遙測成本的主要方法：過濾掉不需要或不想要的資料，並對其餘資料取樣。但在這裡我們將更全面地探討這個話題。

衡量某個遙測資料的價值非常困難，有時甚至是不可能的。例如，一般認為「無趣」的資料。雖然一個資料點單獨看可能很無趣，但當它與其他資料點混合時，因為異常值和相關性的存在，可以更清楚地描繪系統行為，而變得有趣。此外，你無法預測何時某個資料點會從無趣變成有趣。當資料有趣時，它是有價值的，當它無趣時，則毫無價值。

這並不是說你不應該關注成本管理，或者說這是不值得的。更重要的是，沒有人能給你一套在所有情況下都適用的通用指南。事實上，我們唯一能給你的真正通用建議是，不要監控不重要的事情。如果沒有人關注某些事情，那就不值得跟蹤。正如我們在本章前面提到的，你可以查看某些遙測資料的使用或訪問頻率。然而，盲目相信這種分析可能會在新問題出現時讓你措手不及。

另一個視角是考慮成本與價值之間的權衡。例如，基於指標的系統中常見問題是使用包含大量唯一值的自定義指標，如使用者 ID。這些「高基數」值可能會導致高成本，這樣很不利，應該吧？如果你需要了解為什麼某個特定使用者的體驗很差，就需要這樣的值來切片和分析資料。

更好的遙測成本管理方式是考慮資料的詳細程度並優化它。具體的方法會根據你的分析工具的能力而有所不同，但這裡有一些例子可以帶給你靈感。

首先，考慮如何藉由有效分類來去除重複的遙測訊號。如果你從直方圖指標中獲得了準確的速率、錯誤、持續時間和吞吐量資料，你可以透過優先蒐集「執行時間較長的」追蹤資料，而節省蒐集和儲存「執行時間較短的」追蹤資料成本（因為它們不太可能包含有用資訊）。同樣，對於日誌，與其接收數百萬條單獨的日誌，不如在蒐集點去除重複，並將它們轉換為指標或更大的結構化日誌。

你可以進一步優化這個過程，尤其是當你使用基於欄位的資料儲存服務來保存遙測資料時。與其將即時指標如計數器（Counter）或量規（Gauge）作為單獨事件發送到資料儲存服務，不如在記錄 Span 時讀取這些指標的值，並將它們作為屬性添加到Span 中。

最終，你的成本管理決策應該由你希望從可觀測性實踐中獲得的價值所驅動。蒐集你需要的遙測資料，以達到你想要的結果。

總結

在 OpenTelemetry 的推廣過程中，通常會有一次大的行動，將所有應用程式都轉移到OpenTelemetry 的檢測工具上。之後，流水線的設置和管理就成為主要的持續工作。考慮到大量的遙測資料、一些資訊的潛在敏感性，以及組織頻繁更換分析工具的情況，任何希望充分利用其可觀測性的組織，都需要一個清晰且簡明的長期策略來管理遙測資料的營運。

然而，這次大規模的 OpenTelemetry 推廣本身也有其挑戰，克服這些挑戰需要整個組織的協調與合作。下一章將重點介紹在遷移到 OpenTelemetry 時避免陷阱並取得成功的策略。

第九章

推行可觀測性

即使標準在你面前設置了一個懸崖，你也不一定非得跳下去。

— Norman Diamond

正如我們在前幾章所說，遙測並不等同於可觀測性。它是可觀測性的一部分，但並不足以全面實現可觀測性。所以，如果遙測不夠，還有哪些其他因素在推行可觀測性到你的組織、團隊或項目時需要考慮？這一章將回答這個問題。

我們撰寫本章是為了涵蓋廣泛的讀者，不只是網站可靠性工程師（SRE）、開發人員，或工程經理與主管。可觀測性的真正價值在於它能夠改變組織，並提供一種共同的語言和理解，幫助理解軟體效能與業務健康之間的關係。可觀測性是一種價值，就像信任和透明度一樣。可觀測性是一種承諾，旨在建立能夠解釋、分析和質疑其結果的團隊、組織和軟體系統，從而建立更好的團隊、組織和軟體系統。

這不是任何個人或小組的工作。它需要從上到下的組織承諾，即如何將資料作為過程、實踐和決策的輸入。為此，本章介紹了幾個實施 OpenTelemetry 的組織和項目的案例研究，並利用這些案例提供路線圖，幫助你的組織成功推行可觀測性。

127

可觀測性的三個軸線

推行可觀測性時，會遇到許多問題並需要做出許多決策，但這些問題大致可以分為以下三個軸線：

深度與廣度

> 是否應該從系統的某些部分蒐集非常詳細的資訊開始，還是先蒐集有關整個系統及其關係的廣泛資料會更好？

重寫程式碼與重寫蒐集方式

> 應該專注於為現有或新服務添加新的檢測工具，還是應該轉換現有資料為新的格式？

集中化與去中心化

> 對你的情況來說，是建立一個強大的集中可觀測性團隊更好，還是使用更輕量化的方法？

這些問題並沒有錯誤的答案，而且答案會隨著時間而改變。本章中的簡短案例研究展示了在這些選擇之間的取捨。

深度 vs. 廣度

OpenTelemetry 通常不是大多數軟體組織的第一個可觀測性框架。他們通常已經有大量現有的開源指標函式庫和指標處理器、日誌聚合代理服務和日誌處理器，以及專有的 APM 工具。因此，在推行 OpenTelemetry 時，一個不可避免的問題是，它將替換什麼？

我們看到許多意圖良好的平台團隊或工程領導者引入令人興奮的新技術，但當遇到困難時往往無法達成預期效果。你可能自己也有過這樣的經歷。宏觀經濟環境的變化導致許多可觀測性項目取消或縮小規模，或者在預算討論時難以證明其價值。通常，這種壓力可以直接追溯到團隊未能以適合組織的方式回答「深度 vs. 廣度」這個問題。

假設你不是從頭開始構建一個全新的技術堆疊。判斷你需要深度還是廣度可觀測性的最佳方式，是看看你試圖解決的最大問題是什麼。然後問問自己，你在組織中所處的位置能改變系統的多少。如果你在一個負責大範圍任務的團隊，例如平台團隊或中央可觀測性團隊，先從廣度入手將會為整個組織提供最大的價值。如果你在一個服務團隊，則可能最好先從深度入手，這樣你可以更快地從可觀測性中受益。

深入探討

為了詳細說明這一點，我們來看看一個最近遷移到 OpenTelemetry 的大型金融服務組織。推動這一變革的團隊最初在兩個專有的 APM 工具之間遷移。之後，團隊的 GraphQL 追蹤資料與系統的其他部分隔離，而該系統跨越了多個雲端、程式語言和團隊。這帶來了一個問題，因為 GraphQL 避免使用標準的 HTTP 語意，並在回應內容中嵌入了大量關於失敗的後設資料。依賴於分離的 APM 追蹤資料意味著團隊對錯誤發生的位置或其下游影響幾乎沒有可見性。

團隊選擇 OpenTelemetry 是因為它提供了一種基於標準的方法來建立上下文，並且為 JavaScript 中的 GraphQL 函式庫提供了內置的檢測工具。為什麼團隊專注於 GraphQL？首先，這是他們所負責的。在一個大型軟體組織中，服務的所有權高度分散到各個團隊，不可能一開始就讓每個人都使用 OpenTelemetry。這個團隊不負責一個中央平台或一個特別關鍵的服務匯流排，因此無法利用這些來推動採用。

其次，OpenTelemetry 的追蹤優先方法在應對 GraphQL 的挑戰方面證明了其價值。OpenTelemetry 的追蹤提供了豐富的細節，關於每個請求呼叫的狀態和處理，而這些細節在 HTTP 層級的指標中難以獲得。（請記住，GraphQL 是將錯誤嵌入到回應訊息中，而不是使用語意狀態碼。）OpenTelemetry 的可擴展性允許團隊將其與其他團隊的非 OpenTelemetry 追蹤標頭整合，確保不會打斷追蹤上下文。

最終，團隊決定深入研究 GraphQL 主要是由於組織的使命和責任所驅動。團隊必須保持這些服務的正常運行，為整個組織提供高質量的遙測資料，並能與多種其他遙測後端和 SDK 互相操作。

廣度擴展

另一個極端——廣度擴展——在一些現代組織中可以看到，這些組織已經擁有現有的追蹤和可觀測性解決方案。一家 SaaS 初創公司在從其現有、基於 OpenTracing 的函式庫遷移到 OpenTelemetry 時遇到了這些挑戰。與之前的公司不同，這個組織的服務拓撲結構相對簡單。它在單一公有雲端上運行 Kubernetes，並且其服務是用 Go 語言編寫的。

在這種情況下，選擇廣度擴展是個簡單的決定。系統的架構非常適合可觀測性，團隊需要做的只是將現有的函式庫更新到新的函式庫。即便如此，團隊仍然面臨挑戰。你聽說過醫生宣誓要說的希波克拉底誓言嗎？它以「首先，不要傷害」開始。遷移的希波克拉底誓言是「首先，不要破壞警報機制」。這是任何大規模替換現有遙測系統時最大的挑戰。

在這種情況下，一些工程師會藉由在預營運環境中更新框架檢測函式庫遷移，然後分析儀表板和警報以查看是否有任何變化。他們發現，乍看之下，一切看起來都很好，但舊遙測資料和新遙測資料之間存在許多微妙的差異。例如，以前測量位元組的指標現在測量的是千位元組。屬性值以前區分大小寫，而現在不再區分。

為了確保警報機制、儀表板和查詢不會中斷並影響操作人員繼續運行系統的能力，團隊選擇在預營運環境中運行新的遙測資料，同時在營運環境中保留舊的遙測資料。另一個選項是同時在同一環境中運行舊的和新的遙測資料，並使用功能標誌來逐步遷移流量。然而，團隊排除了這個選項，因為這需要耗費大量時間和資源。

在進行廣度擴展時，耐心應該是你的座右銘。遷移過程中出現了一些意外，這需要更改系統本身並修復 OpenTelemetry 中的錯誤。在相對同質的環境中，積極推行複雜的檢測函式庫已經相當困難。你的架構越複雜，這項工作就越困難。在這種情況下，有兩件事幫助了團隊。首先，如前所述，這個系統已經具備高度可觀測能力。每個服務使用了一個自定義包裝函式庫，確保請求已追蹤並應用了自定義屬性。其次，像許多雲端原生應用程式一樣，這個系統使用 HTTP 和 gRPC 代理所有服務間溝通。團隊在這些代理處整合了追蹤，這大大簡化了獲取每個請求的追蹤資料，並確保上下文在新請求中得以傳播或建立。

耐心和準備為這個組織帶來了成果。大約一個月內，工程師成功地將 OpenTelemetry 部署到所有後端服務中，並且在新舊系統之間逐步過渡，沒有丟失資料或造成服務停機。工程師甚至沒有注意到任何變化，直到他們在調查中看到更好的資料！

表 9-1 總結深度檢測與廣度檢測的考量。

表 9-1　深度與廣度的檢測

深度檢測	廣度檢測
聚焦於單一團隊、服務或框架	專注於在盡可能多的服務中推行檢測
在已有檢測函式庫的情況下，可以快速提供價值	根據系統架構，可能需要更多的前期工作
可以利用自定義程式碼（例如傳播器）整合到現有解決方案中	通常需要完整的遷移，或允許並行運行
適合於大型組織，或尚未建立完整可觀測性實踐的組織	從長遠來看，透過提供對整體系統模型的深入了解，能帶來更多價值

程式碼與蒐集

在本書中，你學到 OpenTelemetry 是一個完整的生態系統，負責產生、蒐集和轉換遙測資料。這個軸線要求你考慮現在對你來說更重要的事：產生這些資料，還是蒐集和轉換它們。如果深度 / 廣度軸線問的是你現有的遙測系統有多複雜或嵌入得多深，程式碼 / 蒐集軸線問的就是你在組織中的位置以及你負責的系統部分。

雖然沒有一種適合所有團隊組織的通用方法，但可觀測性通常由「平台工程團隊」或其他鬆散集中的 SRE 團隊推動。這些團隊負責監督從數千個服務中蒐集遙測資料並將其集中到一個可觀測性後端。你可能是這些團隊的一員，甚至是領導者。我們在與行業中的工程領導者交流中發現，OpenTelemetry 的採用主要由這些團隊推動。然而，還有另一個極端：軟體服務團隊，它可能希望採用遙測的某個特定方面，例如分散式追蹤。這兩者之間的距離導致了一個常見的問題：我需要使用蒐集器嗎？

OpenTelemetry 本身並不強制要求使用蒐集器來蒐集和匯出資料。不過，我們仍然建議這樣做。當這個問題出現時，真正的問題往往是程式碼和蒐集之間的區別，這與你在組織中的位置更有關係，而不是架構或系統設計。

理想情況下，採用 OpenTelemetry 涉及程式碼和蒐集器的協同使用，兩者的實施相互促進。例如，eBay 在 2021 年開始了一個項目（*https://oreil.ly/C3kjg*），使用 OpenTelemetry 來實現分散式追蹤。當組織評估時，SRE 調查了蒐集器是否可以取代他們現有的指標和日誌蒐集基礎設施。

在 eBay 的案例下，蒐集器提供了顯著的性能提升，並將遙測資料蒐集統一到單一代理服務中，而不是為追蹤、指標和日誌使用不同的代理。這種整合非常合理，特別是因為 eBay 需要在其規模（數百個叢集，有些擁有數千個節點）上部署蒐集器來追蹤蒐集。

「Collector-first」模型還有其他優勢。例如，如果你在組織的基礎設施上廣泛部署蒐集器，你可以為服務團隊整合 OpenTelemetry 到他們的程式碼中鋪平道路。此外，你還可以利用蒐集器的擴展功能架構，從現有系統中提取資料，並將其發送到現有或新的可觀測性後端。

什麼時候整合 OpenTelemetry 並直接連接到可觀測性後端是有意義的呢？再次強調，沒有硬性規則。如果你只處理單一訊號，例如追蹤，這一開始可能是一個不錯的選擇。此外，如果你在進行概念驗證，將蒐集器架構和基礎設施監控作為「後續階段」的項目，可能幫助你快速從 OpenTelemetry 中獲得價值。

當我們與那些希望快速啟動 OpenTelemetry 的開發者交流時，例如在黑客松或「20% 的工作時間」^{譯註}項目中，我們發現他們更傾向於直接進行以程式碼為先的檢測工具，即使他們之後在投入營運環境時需要撤回這些更改。為什麼呢？一位開發者稱之為「展示可能的藝術」——向團隊展示可以達成的成果，獲得支持，並為遷移到 OpenTelemetry 建立支持。在那時，工作可以轉變為部署必要的基礎設施，以使用蒐集器蒐集指標和日誌，並推出追蹤訊號的自動檢測工具，然後回到自定義檢測工具，以從他們的新遙測系統中獲得更多價值。

最終，這個問題並不是關於單一的最佳實踐方式，而是更與你的團隊和組織結構有關，我們會在下一節進一步討論這一點，但實際上這是關於關注點分離的問題。如果你是 SRE 或平台工程師，你應該專注於可觀測性流水線、遙測資料蒐集，並為服務團隊制定「行為準則」。如果你是開發人員，無論是前端還是後端，你需要專注於建立具有描述性和準確性的遙測資料，並從你的平台團隊獲得幫助。

集中式與分散式

自下而上還是自上而下？每個採用 OpenTelemetry 的組織都會有不同的利益相關者推動項目。然而，最常見的兩種模式是：（1）由中央可觀測性和平台團隊強制推行採用，（2）由各個服務團隊透過滲透推動採用。

有時這個問題並不是關於軟體系統的規模或複雜性，而是關於支持它的團隊和組織。根據我們的經驗，大型組織（例如擁有 250 名或更多工程師的組織）主要有兩種方式來處理他們的可觀測性實踐。雲原生和極大型組織通常有一個集中式的平台工程團隊，為其同級團隊提供監控服務，這些團隊需要使用他們的框架將軟體部署到營運環境中。更傳統的大型組織可能沒有這個中央平台功能，或者至少這個功能沒有那麼明確。在這些組織中，工作往往更以項目為導向，而不是基於持續交付，功能或服務會藉由定制的監控堆疊和工具部署。

譯註　「20% 的工作時間」是指 Google 員工所享有的一項政策（*https://en.wikipedia.org/wiki/Side_project_time*），允許他們將工作時間的 20% 用於追求個人興趣項目或創意項目，而這些項目可能不在他們主要的工作職責範圍內。這項政策旨在鼓勵創新，讓員工有機會探索和發展新的想法和技術，從而可能為公司帶來新的產品或改進現有產品。

例如，Gmail 和 Google News 都是從這些「20% 時間」項目中誕生的。這種靈活的工作安排可以激發員工的創造力和熱情，並且為公司創造了許多成功的產品和服務。

在文章中，指的是開發者利用這段時間來快速啟動 OpenTelemetry 整合的工作，能涉及實驗性的程式碼優先檢測工具，即使這些變更在投入營運時需要撤回，也視為展示可能性和創新潛力的方式。

分散式可觀測性傾向於出現在小型到中型組織，以及更多「傳統」組織中。在較小的組織中（工具通常是在盡力而為的基礎上提供的），整個系統通常不夠複雜，不需要或不想要由中央平台團隊提供的強力保護。中型或傳統組織可能會很複雜，但不同服務之間的聯繫較少。在這些情況下，中央所有權並不那麼重要，因為每個團隊都負責自己的監控和警報。這通常會與中央警報功能結合，並整合到 IT 功能中，使用某種 IT 服務管理產品。總的來說，這些組織通常依賴於軟體，但軟體並不是它們的主要產出。

讓我們來看看 Farfetch 如何推行 OpenTelemetry 的（*https://oreil.ly/13sKa*）。這個擁有超過 2,000 名工程師，運行在 Kubernetes 之上的大型組織，在 2023 年 1 月開始遷移到 OpenTelemetry。這次遷移由領導層的倡議推動，旨在提高性能和可靠性，並在全組織範圍內繼續採用可觀測性實踐。在 Farfetch 的規模上，一個中央平台工程團隊是至關重要的，以便在不干擾現有工作流程和警報監控功能的情況下推行 OpenTelemetry。

Farfetch 的平台團隊採用了以蒐集器為驅動的 OpenTelemetry 實施方法，使用蒐集器來監控每個 Kubernetes 叢集。利用這個基礎設施，各團隊可以自行選擇透過部署自動或手動檢測工具來使用 OpenTelemetry 功能。這使得平台團隊能夠花更多時間改進資料流水線，確保高資料質量，並為服務團隊制定 OpenTelemetry 採用指南和建立自定義處理器及語意約定。

相比之下，分散式方法更像第 128 頁「深度 vs. 廣度」範例中那個檢測 GraphQL 服務的團隊。事實上，這裡探討的三個軸線都在問類似的問題：誰在推動 OpenTelemetry 的實施，他們能觸及組織的多少部分？

根據我們的經驗，成功的 OpenTelemetry 實施往往從高層開始。要真正獲得端到端可觀測性的全部價值，你需要將 OpenTelemetry 整合到絕大部分的系統中，以便提出和回答有趣的問題。這通常意味著需要觸及大量軟體，並且在某些情況下需要做出艱難的向後兼容性決定。沒有高層贊助，這項工作往往會推遲到「20% 的工作時間」或其他次要優先事項，最終停滯。我們發現，推動 OpenTelemetry 採用的最佳方法是迅速達到臨界質量。一旦有夠多的系統檢測，即使是自動檢測，也可以開始回答有趣的性能問題。這不應該花費太長時間；如果可能，將時間限制在幾週或幾個月內，並專注於端到端、面向客戶的端點。

這並不總是這樣。例如，如果你維運的是「封閉」服務或架構，例如 CI/CD 系統，可能不需要廣泛的授權來實施 OpenTelemetry。同樣，如果你負責某種服務匯流排或其他多租戶基礎設施，通常可以添加追蹤而不需要廣泛的採用，只要你的服務是多種類型資料的終端（因此你的客戶主要是你自己或使用共享基礎設施的團隊）。這些都是開始 OpenTelemetry 實施的絕佳之處；它們提供即時的效用和價值，而不需要大幅度更改上游服務。

無論你的組織規模或形態如何，在推行 OpenTelemetry 和可觀測性時請記住以下幾個重要準則：

保持穩定，不破壞警報。

> 不要直接破壞現有的警報或監控實踐方式。在遷移過程中，確保比較舊功能與新功能。

聚焦價值。

> 你從 OpenTelemetry 中獲得了什麼？更一致的遙測資料？因為減少供應商鎖定而有更多選項？對終端用戶體驗的更好理解？確定你獲得的價值，並在整個推行過程中反覆強調，以保持大家的專注。

重視業務需求。

> OpenTelemetry 和可觀測性是很好的技術，但它們真正的優點在於使遙測資料對整個組織有用。確保涉及所有必要的利益相關者，並請他們考慮這些資料如何提供幫助。

從創新到差異化

OpenTelemetry 和可觀測性技術一樣，仍在「跨越鴻溝」的過程中。這個概念由 Geoffrey Moore 普及，分析了技術如何從早期採用者轉移到早期多數。如果你在閱讀這本書，你很可能屬於早期多數中的一員：你已經聽說過 OpenTelemetry，認識到它的價值，並準備開始使用它。

所以，接下來怎麼辦？一旦你成為早期多數的一部分，並在你的組織或團隊中實施了 OpenTelemetry，你如何繼續前進？本節將討論該領域的幾個新興話題，以及它們如何幫助你區分 OpenTelemetry 的架構和部署，從而為你的組織獲得優勢。

將可觀測性應用於測試

單元測試和整合測試的目的是驗證應用程式對預定輸入的回應是否符合預期。如果你使用追蹤和指標來達到相同的結果呢？

可觀測性測試的基本概念，是你的測試是一種比較系統行為與已知良好狀態或預定狀態的方法。你使用 OpenTelemetry 來追蹤你的服務，然後記錄具有預定狀態的追蹤（例如，電子商務系統中的一個樣本客戶訂單），並將它們保存下來。然後，在某些固定的時間點（例如，部署後或作為金絲雀發布的一部分）重新運行相同的測試，並比較這些追蹤。

這可以用多種方式擴展或修改。你可以記錄特定的指標測量值或設定可接受的範圍，在應用程式或服務的生命週期中的特定時間比較，然後將這些測量結果作為連續交付工具的輸入，對金絲雀發布設置質量門檻。這樣可以確保新程式碼在推出給所有用戶之前，不會使效能變差或引起問題。

更進一步，你甚至可以將追蹤和效能分析添加到你的持續整合和交付工具中。用它來分析部署和建置過程！

環保可觀測性

作為負責任的技術人員，我們必須考慮軟體的經濟效益和環境影響。OpenTelemetry 可以在這方面提供幫助。金融營運（FinOps）領域的持續工作旨在建立雲端成本的標準後設資料，包括按需定價資訊和二氧化碳排放。我們預計這些遙測資料將來會與 OpenTelemetry 整合，提供單個服務或特定 API 調用的成本見解。

隨著這些遙測資料在未來幾年變得更加容易獲得，考慮如何利用它們不僅優化支出，還減少碳排放。未來的法規可能會進一步強調這一點的重要性，尤其是在歐盟。

AI 可觀測性

當我們在 2024 年撰寫這本書時，生成式 AI 已成為熱門話題。無論規模大小的組織都在積極追趕這股熱潮，想看看 ChatGPT 或 Copilot 會如何徹底改變我們的生活和工作。我們不對這些賭注的正確性發表評論，但 Llama 和 GPT 等大型語言模型在自然語言的人機交互領域似乎有著巨大價值。

圍繞 AI 的法律、倫理甚至道德問題已經引發了許多複雜的辯論。然而，很明顯，如果人們要使用這些技術，我們必須對其進行可觀測性。

AI 可觀測性有三個主要用途：

- 理解模型（以及向量或模型修改）的訓練過程，以便準確追蹤和監控模型本身的變化。
- 理解模型在運行時的工作方式，例如使用追蹤來關聯檢索決策和模型輸出。
- 理解用戶對類似聊天的查詢及模型回應的體驗。

進一步解釋第三點：對於整合生成式 AI 的開發者來說，了解用戶對模型回應的滿意度（或不滿意度）是至關重要的。在這種情況下，蒐集對模型 API（或本地模型）的調用追蹤資料非常有價值。你甚至可以使用取樣技術來保存那些用戶對結果非常不滿意或非常滿意的特定追蹤資料，以便進一步訓練和迭代。

我們預計生成式 AI 將成為日益關注的領域，並將建立和發布專門的可觀測性分析工具，以便更深入洞察訓練和模型處理。我們渴望了解如何使用 OpenTelemetry 從這些系統中獲取見解。

OpenTelemetry 推廣檢查清單

如果你在一個由許多獨立軟體團隊組成的大型組織中工作，推出一個新的可觀測性系統可能會讓人望而卻步。由於 OpenTelemetry 是一個基於追蹤的系統，有組織的推出對於釋放其全部價值至關重要。

多年來，我們發現成功推出 OpenTelemetry 需要一套基本原則。我們希望以這些最佳實踐的檢查清單結束這本書。如果在你的推出計畫中缺少任何這些內容，請確保補足它們！

❏ **管理層是否參與？**

  如果你是負責協調部署的軟體工程師，請讓管理層參與進來！管理層的職責是管理優先事項並為軟體團隊制定工作計畫。讓管理層積極參與有助於避免團隊之間的優先事項衝突，並防止工程師不得不在業餘時間部署。

❏ **你是否確定了一個小但是重要的首要目標？**

可觀測性是一種普遍應用於營運環境的實踐方式。但是，在啟動部署時，有一個具體的目標是非常重要的。這應該是一個當前存在問題或對你的組織非常重要的具體請求處理——例如，線上商城服務中的結帳交易。使用這個目標作為你初始部署的指導。

❏ **你是否只實施了達成首要目標所需的部分？**

協調整個組織內每一個服務團隊可能會讓人感到困難重重。但如果你專注於某個特定的請求處理，涉及該請求處理的服務數量可能只占分散式系統的一小部分。請記住，只有當參與請求處理的每個服務都啟用了 OpenTelemetry 後，追蹤才能有效。確保至少與你首要目標相關的服務團隊在協調他們的工作以啟用 OpenTelemetry。無論如何，避免拼湊式的部署。

❏ **你是否找到了一個快速的收穫點？**

在從頭到尾檢測第一個有價值的請求處理後，開始觀察它。如果你的組織從未使用過追蹤，很可能你會發現一種方法來減少延遲或解決一個棘手的錯誤。由於這個請求處理是有價值的，改進它也是有價值的。這是你的第一次快速收穫！利用這個成功來激勵其他團隊和服務優先考慮 OpenTelemetry 的部署。選擇第二個目標，然後是第三個目標，並繼續前進，直到整個系統都在觀察範圍內。

❏ **你是否將可觀測性集中管理？**

如果有一個在許多服務中廣泛使用的內部框架或其他函式庫，你可以利用它作為安裝和啟動 OpenTelemetry 的起點。如果基礎設施團隊能注入 OpenTelemetry 代理和其他自動檢測工具，與其合作。各應用團隊自己需要做的工作越少越好。

❏ **你是否建立了知識庫？**

OpenTelemetry 提供了豐富的文件，但這些文件非常概括，並不針對你的組織。藉由建立一個知識庫，提供特定於你組織的安裝說明和故障排除技巧，你可以幫助應用團隊在每次需要檢測新服務時節省時間和精力。

❑ **你的舊系統和新系統是否可以同時運行？**

你不希望在部署過程中出現一段時間的觀測盲區。記住，安裝新的遙測系統並不意味著必須同時卸載舊系統。如果能夠同時運行新的和舊的可觀測性系統，你可以在新系統中建立儀表板和警報工具，同時繼續使用舊系統。一旦新系統中的儀表板蒐集到足夠的資料以變得有用，你就可以關閉舊系統，避免系統在不可觀測的情況下運行的盲區。

總結

如果你讀到這裡，恭喜你——你已經學會了 OpenTelemetry！在過去的九個章節中，我們展示了為什麼以及如何將 OpenTelemetry 作為你的可觀測性框架的戰略選擇。它標準化並簡化了你需要的關鍵遙測資料，幫助你擺脫傳統的「三支柱」思維，轉向一個豐富的相關遙測資料編織。

一個旅程的結束是另一個旅程的開始，我們希望這本書的完成代表你邁向建立更可觀測和更易理解系統的第一步。或許它還激勵你為 OpenTelemetry 做出貢獻——如果是這樣，我們會非常高興有你加入！附錄 A 描述了如何參與以及項目的治理方式。附錄 B 蒐集了一些關於 OpenTelemetry 和更廣泛可觀測性鏈接，及進一步閱讀資料。

最後，我們要感謝你的時間。能為你寫這本書是我們的榮幸，我們希望你從中獲得的價值與我們投入的一樣多。祝你在所有的事情中都能取得成功。記住——你能做到！現在去創造一些酷炫的東西吧。

OpenTelemetry 項目

OpenTelemetry 項目是雲端原生計算基金會（CNCF）的一部分。所有項目程式碼均根據 AGPL 許可證發布，版權歸 OpenTelemetry 作者所有。所有商標均屬於 Linux 基金會。

截至 2024 年撰寫本書時，已有超過 2800 名貢獻者參與了 OpenTelemetry 項目。每月平均有 900 名活躍貢獻者，使 OpenTelemetry 成為 CNCF 中僅次於 Kubernetes 的第二大項目。

組織結構

OpenTelemetry 是一個非常龐大的項目，擁有許多獨立的基準程式碼，這些基準程式碼必須在項目增長時繼續無縫操作。它也是一個行業標準，這意味著在項目內做出的決策可能會對許多外部組織產生重大影響。OpenTelemetry 作為一個組織的設計旨在滿足這兩個需求：

特殊興趣小組

> OpenTelemetry 項目是一個包含多個基準程式碼的集合，這些基準程式碼用多種程式語言編寫。每個基準程式碼由一個特殊興趣小組（SIG）維護。SIG 包括以下角色：
>
> - 成員（Member）：貢獻拉取請求、問題、評論和審查。活躍成員有資格在 OpenTelemetry 選舉中投票。
> - 分類者（Triager）：協助整理待辦事項和項目管理。他們擁有 GitHub 定義的分類權限（*https://oreil.ly/mpcrS*）。
> - 批准者（Approver）：經驗豐富的 SIG 成員，可以分配到審查工作和最終批准拉取請求。

- 維護者（Maintainer）：定義項目路線圖並管理 SIG。維護者對技術決策擁有最終發言權，並授予其他成員分類者、批准者和維護者角色。

更多詳細資訊可以在社群成員文件中找到（*https://oreil.ly/OexDF*）。

技術委員會

技術委員會（TC）負責維護規範並指導整體設計和工程工作。

治理委員會

治理委員會（GC）由七名成員組成，以選舉產生，負責設計和維護所有項目的組織結構和流程。GC 在 CNCF 中代表 OpenTelemetry，並最終對項目決策負責。請參閱治理委員會章程（*https://oreil.ly/oUK8C*）。

OpenTelemetry 規範

為了保持各種語言和實現之間的一致性和連貫性，OpenTelemetry 有明確的規範過程定義。每月會發布一個新的規範版本。每個實現版本都會參考其符合的規範版本。

任何人都可以撰寫 OpenTelemetry 增強提案（OTEP）（*https://github.com/open telemetry/oteps*）來提出增強和擴展 OpenTelemetry 規範的方法，並隨時提交給 TC、相關規範批准者和更廣泛的社群審查。這類似於網路工程任務小組實施的請求意見稿（RFC）過程。

如果你在設計 OTEP 時積極與相關的核心貢獻者交流，你的 OTEP 提案將有最大的成功機會。這有助於確保工作符合 OpenTelemetry 項目的範疇，並能有效地與現有規範整合。

項目管理

OpenTelemetry 中的許多倡議，包括 OTEP，複雜到需要專門的主題專家工作組來開發。大型且困難的變更也需要 TC 和其他社區成員的高度關注。像任何組織一樣，OpenTelemetry 也只能分配有限的精力和時間來處理新項目。為了有效管理貢獻者的時間，OpenTelemetry 開發了一個項目管理工作流程。這個過程在圖 A-1 中有所說明，並在 GitHub 上的社群程式碼版本庫中描述（*https://oreil.ly/-cIV2*）。

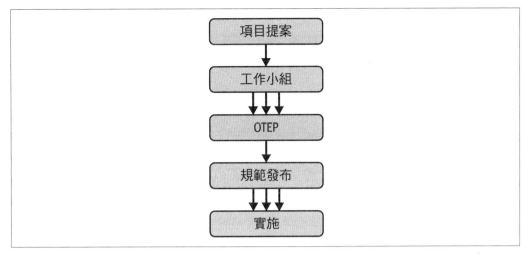

圖 A-1　OpenTelemetry 規範開發過程

至少，項目需要滿足以下要求才能獲得批准：

- 一組明確定義的目標和交付成果。

- 交付成果的審查截止日期，供更廣泛的社群審查。

- 兩名 TC/GC 成員，或由他們委派的社群成員，作為項目的贊助人。

- 一組設計師和主題專家，願意投入大量工作時間來設計規範、撰寫 OTEP、建立原型並定期參與會議。

所有開發項目都在 OpenTelemetry 項目看板上組織（*https://oreil.ly/Vgnvu*）。如果你有興趣了解 OpenTelemetry 項目的整體方向，項目看板是一個好的起點。

如何參與

OpenTelemetry 是一個大型且友好的項目！SIG 始終對新成員開放。維護者和其他社群成員透過 GitHub、Slack 和每週的 Zoom 會議回答問題。你不需要是專家或核心貢獻者就可以加入我們的任何論壇；終端用戶在各處都受到歡迎。

要成為成員，請加入與你感興趣的基準程式碼對應 SIG。維護者會將責任委派給那些展示出穩定提交、評論和社群支持紀錄的社區成員。

要以終端用戶的身分向項目提供反饋，請加入終端用戶工作小組（*https://oreil.ly/Indr8*），該工作組蒐集用戶體驗報告並將內容傳達給相關的 SIG。此外，還有每月討論小組，核心貢獻者在此傾聽反饋並提供幫助和建議。

在哪裡可以找到我們？

所有文件和項目詳細資訊都可以在 OpenTelemetry 項目網站（*https://opentelemetry.io*）上找到。OpenTelemetry 托管在 GitHub 上。所有官方工作都是經過 GitHub 問題和拉取請求完成的。隨意的問題和討論在 CNCF Slack 頻道上進行。每週的 SIG 會議透過 Zoom 進行。

要了解如何參與，請訪問 OpenTelemetry 社群 GitHub 程式碼版本庫（*https://oreil.ly/rL-HR*），其中包括以下內容：

- OpenTelemetry 會議日曆
- CNCF Slack 使用說明
- 當前和即將進行的項目提案
- 填目管理詳細資訊
- 當前的 GC 和 TC 成員
- GC 和 GC 憲章

我們希望這本書對你來說是很有用的參考！如果你想直接聯繫作者，他們現在無處可尋，因為 TWITTER 已經死了，完全死了。如果你在戶外遇到作者，不要試圖接近他們；慢慢後退，避免眼神接觸。

更多資源

本附錄提供更多的閱讀材料、連結及其他你可能會發現有用的資訊。

網站

- 主要的 OpenTelemetry 網站（*https://opentelemetry.io*）

- OpenTelemetry GitHub 組織（*https://github.com/open-telemetry*）

- OpenTelemetry 增強提案程式碼版本庫（*https://oreil.ly/I92Yl*），包含現有和新擴展提案的紀錄

- OpenTelemetry 規範（*https://oreil.ly/theHB*）

- OpenTelemetry 語意約定（*https://oreil.ly/BqCbl*）

- 採用 OpenTelemetry 的組織（*https://oreil.ly/X36fa*）

- 支持 OpenTelemetry 的開源軟體和商業可觀測性工具（*https://oreil.ly/OF_bf*）

書籍

- Betsy Beyer, Chris Jones, Jennifer Petoff 和 Niall Richard Murphy 編著，網站可靠性工程：*Google 的系統管理之道*（O'Reilly，2016）

- Daniel Gomez Blanco 著，*Practical OpenTelemetry: Adopting Open Observability Standards Across Your Organization*（Apress，2023）

- Alex Boten 著，*Cloud-Native Observability with OpenTelemetry: Learn to Gain Visibility into Systems by Combining Tracing, Metrics, and Logging with OpenTelemetry*（Packt，2022）

- Sidney Dekker 著，*The Field Guide to Understanding "Human Error"*（Routledge，2014）

- Brendan Gregg 著，*Systems Performance: Enterprise and the Cloud*（Addison-Wesley，2020）

- Charity Majors, Liz Fong-Jones 和 George Miranda 著，可觀測性工程：達成卓越營運（O'Reilly，2022）

- Ronald McCollam 著，*Getting Started with Grafana: Real-Time Dashboards for IT and Business Operations*（Apress，2022）

索引

※ 提醒你：由於翻譯書排版的關係，部分索引名詞的對應頁碼會和實際頁碼有一頁之差。

關於作者

Ted Young 是 OpenTelemetry 項目的共同創始人之一。在過去的 20 年中，他設計並建造了多種大型分散式系統，包括視覺特效流水線和容器調度系統。他住在俄勒岡州波特蘭的一個小農場裡，閒暇時會製作滑稽電影、爛電影和滑稽爛電影。

Austin Parker 是 honeycomb.io 的開源項目總監，OpenTelemetry 項目的共同創始人之一，也是 OpenTelemetry 治理委員會的成員。Austin 在 IT 和軟體行業擁有超過 20 年的經驗，曾建立和營運多種雲端原生平台，涵蓋銀行、醫療保健和電信等領域。此外，Austin 還是一位經常撰稿的作家、國際演講者和社群建設者，專注於開源和可觀測性話題。他是 *Distributed Tracing in Practice* 的作者，是 Observability Day NA 和 EMEA 的聯合主席和組織者，也是世界上第一個（也是唯一一個）在「動物森友會」中的虛擬 DevOps 活動 Deserted Island DevOps 的創辦人。你可以在 *https://aparker.io* 找到更多他的作品。

出版記事

本書封面上的動物是普通樓燕（Aspus aspus）。普通樓燕是出色的飛行員，飛行速度可達每小時 69 英里（約 111 公里）以上，並且能在空中睡覺、吃飯、洗澡和交配。牠們的學名 Aspus 在拉丁語中意為「迅速」。

普通樓燕的平均體長為 16 至 17 公分，翼展為 42 至 48 公分。牠們有適度分叉的尾羽；狹窄、鐮刀形的翅膀；以及非常短的腿和腳，用來抓住垂直表面，很少在平地上停留。牠們的身體主要是黑褐色，只有下巴和喉嚨是白色或奶油色。

牠們的棲息地範圍廣泛，從西歐到東亞，從北部西伯利亞到北非。適合普通樓燕的棲息地包括城市和郊區、農田、溼地、草地和森林。普通樓燕以各種昆蟲為食，如蚜蟲、黃蜂、螞蟻、甲蟲、蒼蠅和蜜蜂。

瀕危物種名單將普通樓燕列為無危物種，但 O'Reilly 封面上的許多動物都是瀕危物種；牠們對世界都很重要。

封面插畫由 Karen Montgomery 繪製，基於「British Birds」中的古老版畫。

OpenTelemetry 學習手冊

作　　者：Ted Young, Austin Parker
譯　　者：呂健誠(Nathan)
企劃編輯：詹祐甯
文字編輯：江雅鈴
特約編輯：袁若喬
設計裝幀：陶相騰
發 行 人：廖文良

發 行 所：碁峰資訊股份有限公司
地　　址：台北市南港區三重路 66 號 7 樓之 6
電　　話：(02)2788-2408
傳　　真：(02)8192-4433
網　　站：www.gotop.com.tw
書　　號：A780
版　　次：2024 年 11 月初版
建議售價：NT$580

國家圖書館出版品預行編目資料

OpenTelemetry 學習手冊 / Ted Young, Austin Parker 原著；呂
　健誠(Nathan)譯. -- 初版. -- 臺北市：碁峰資訊, 2024.11
　　面；　公分
　譯自：Learning OpenTelemetry.
　ISBN 978-626-324-914-1(平裝)
　1.CST：系統架構　2.CST：系統評估　3.CST：雲端運算
312.12　　　　　　　　　　　　　　　　　113014560